100种常见植物
病毒病害彩色图鉴

100 Zhong Changjian Zhiwu
Bingdu Binghai Caise Tujian

杨彩霞　编著

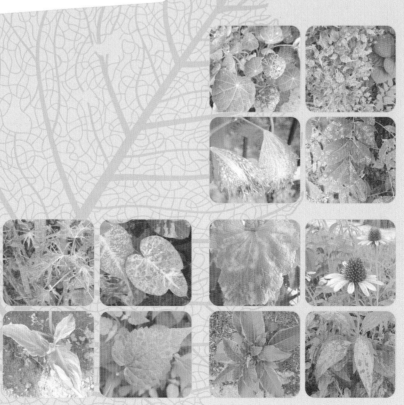

中国农业出版社
北京

图书在版编目（CIP）数据

100种常见植物病毒病害彩色图鉴 / 杨彩霞编著.
北京：中国农业出版社，2024.12. -- ISBN 978-7-109-
32854-9

Ⅰ.S432.4-65

中国国家版本馆CIP数据核字第20247MW284号

中国农业出版社出版

地址：北京市朝阳区麦子店街18号楼
邮编：100125
责任编辑：闫保荣　　　文字编辑：孙　飞
版式设计：小荷博睿　　　责任校对：吴丽婷
印刷：中农印务有限公司
版次：2024年12月第1版
印次：2024年12月北京第1次印刷
发行：新华书店北京发行所
开本：787mm×1092mm　1/16
印张：7.75
字数：160千字
定价：98.00元

前 言
PREFACE

　　植物病害主要分为真菌性、细菌性、病毒性和生理性病害，各种病害表现出的病症不同。在多年的教学、科研和科普实践中，发现很多学生难以把病毒性病害与其他病害区分开来，很多农户和林业管理员容易忽略病毒性病害。为了能尽早鉴别、诊断并处理病毒性病害，从而避免"植物癌症"对农林业生产造成危害，编者编著此书。

　　本书是编者根据近20年野外调查研究积累的资料编著而成的，编者从数千幅生态照片中精选出100种植物（41科89属）病毒病害的340余张图片汇编成此图鉴。全书以图片为主，并配有简短文字，以图文对照的方式生动地展示了常见大田作物、果树、蔬菜、药用植物、观赏林木和花卉等植物受病毒侵害的典型病症，特别是编者尽可能给出健康植物和病害发病过程图示，使读者更易于理解病毒病害发病特点。本书具有很强的实用性，可为植物病毒病害的鉴定提供依据，可供植物病毒学、植物病理学、生物学、植物检疫学的科研教学工作者、高等院校师生参考，也是林学、农学、环境保护等领域工作者的重要参考书。

　　本书的出版得到了沈阳大学学科经费资助，相关研究工作得到了辽宁省博士启动项目（20121043）、辽宁省教育厅一般项目（L2015362）、辽宁省自然科学基金（2015020806、20180550863、2021-MS-341）、沈阳市中青年科技创新人才支持计划项目（RC200278、RC210161）的大力支持。书中照片是杨彩霞博士在野外调查时所拍摄的。整理图片之时，不禁想起与课题组成员野外调查时的每个瞬间，想起与家人一边游玩一边进行的"科学探秘"之旅。衷心感谢福建农林大学谢联辉院士和吴祖建研究员等老师的悉心培养和谆谆教诲！感谢同门兄弟姐妹的支持和鼓励！感谢沈阳大学514实验室每一位成员的努力和付出！感谢周兴文老师、齐淑艳老师、苏宝玲老师和吴杰老师在植物鉴定方面给予的帮助！感谢李雨杰、崔晓玲、杨蕾、何佳欣、白雪、张严艺、杨舒涵和杨洁同学在文献收集和校对过程中的鼎力支持！感谢沈阳大学生命科学与工程学院和发展规划处领导的大力支持！在此一并致谢！

由于编者水平有限，书中难免存在疏漏、不当或错误之处，敬请广大读者和同行们批评指正！

编　者

2024年1月于沈阳

目 录
CONTENTS

七、蔷薇科

八、木樨科

九、苋科

十、葡萄科

十一、忍冬科

十二、荚蒾科

十三、大麻科

十四、大戟科

十五、蓼科

十六、卫矛科

十七、伞形科

十八、无患子科

十九、漆树科

二十、番木瓜科

二十一、牻牛儿苗科

二十二、商陆科

二十三、夹竹桃科

二十四、鸭跖草科

二十五、旋花科

二十六、十字花科

二十七、苦木科

二十八、美人蕉科

二十九、凤仙花科

三十、猕猴桃科

三十一、鼠李科

三十二、堇菜科

三十三、芸香科

三十四、旱金莲科

三十五、毛茛科

三十六、虎耳草科

三十七、荨麻科

三十八、罂粟科

三十九、绣球花科

四十、紫茉莉科

四十一、禾本科

一、菊科

科拉丁名：Compositae

（一）松果菊属（属拉丁名：*Echinacea*）

1. 松果菊（种拉丁名：*Echinacea purpurea*）

松果菊俗名紫锥菊、紫锥花，多年生草本植物，花色甚多，可作为花带栽植材料或作为花镜、花海、坡地材料在园林中使用，亦可作为切花、干花在日常生活中使用。松果菊原生于北美洲中部及东部，现在欧洲、俄罗斯、中亚地区、蒙古国及我国西北地区均有分布。

目前，有关松果菊病毒病害的报道主要有黄花叶、卷叶、坏死病变、畸形和发育迟缓坏死等病害，病害相关病毒有黄瓜花叶病毒（cucumber mosaic virus，CMV）、烟草条纹病毒（tobacco streak virus，TSV）和蚕豆萎蔫病毒（broad bean wilt virus 2，BBWV2）。2022年，编者在辽宁地区发现松果菊黄花叶病害，染病植物叶片早期出现黄色斑点，中期叶片呈现不规则黄色斑带，后期整个叶片黄化，甚至皱缩变形（图1）。编者团队从表现黄花叶症状的松果菊叶片上分离到南方菜豆一品红花叶病毒科（*Solemoviridae*）的一种被命名为松果菊黄斑驳病毒（Echinacea yellow mottle virus）的新型病毒。

图1　松果菊（a）和松果菊病毒病症状（b～e）

（二）鳢肠属（属拉丁名：*Eclipta*）

2. 鳢肠（种拉丁名：*Eclipta prostrata*）

鳢肠俗名凉粉草、墨汁草、墨旱莲、墨莱、旱莲草、野万红、黑墨草。一年生草本植物，生于田间、河岸及水边湿地，喜湿，抗盐，耐贫瘠，能在多种环境条件下生存，是热带、亚热带和温带地区一种分布广泛的常见杂草。在我国广泛分布于辽宁、河北、山东、江苏、浙江、安徽、福建、广东、广西、江西、湖南、湖北、四川、贵州、云南等地，主产于江苏、江西、浙江、广东等地。

目前，我国广东、福建和云南均报道过鳢肠黄脉病，鳢肠主要表现出叶脉黄化症状，部分伴有叶片变小等症状。病害相关病毒主要为粉虱传双生病毒，包括空心莲子草黄脉病毒（Alternanthera yellow vein virus，AlYVV）、鳢肠黄脉病毒（Eclipta yellow vein virus）、鳢肠黄脉花叶病病毒（Eclipta yellow vein mosaic virus）、新德里番茄曲叶病毒（tomato leaf curl New Delhi virus，ToLCNDV）、赛葵黄花叶病毒（Malvastrum yellow mosaic virus，MaYMV）、马里辣椒黄脉病毒（pepper yellow vein Mali virus）、中国番木瓜曲叶病毒（papaya leaf curl China virus，PaLCuCNV）、金腰剑曲叶病毒（Synedrella leaf curl virus）。编者在福建地区发现鳢肠黄脉病害，早期叶片叶脉及靠近叶脉两侧的组织变为黄色，后期植株呈现向下曲叶症状，如图2所示。

图2 鳢肠（a）和鳢肠黄脉病症状（b）

（三）藿香蓟属（属拉丁名：*Ageratum*）

3. 藿香蓟（种拉丁名：*Ageratum conyzoides*）

藿香蓟俗名臭草、胜红蓟，一年生草本，生于山谷、山坡林下或林缘、河边或山坡草地、田边或荒地上。原产地为拉丁美洲，现在我国广东、广西、云南、贵州、四川、江西、福建等地均有分布。

目前，在我国福建、江西、海南、云南、广西、四川、台湾等地均发现有藿香蓟黄脉病或曲叶病，病害相关病毒主要集中在双生病毒科（*Geminiviridae*）菜豆金色花叶病毒属（*Begomovirus*），包括中国胜红蓟黄脉病毒（Ageratum yellow vein China virus）、胜红蓟黄脉病毒（Ageratum yellow vein virus，AYVV）、PaLCuCNV、AlYVV、云南烟草曲叶病毒（tobacco leaf curl Yunnan virus，TbLCYNV）、胜红蓟曲叶病毒（Ageratum leaf curl virus）、四川胜红蓟曲叶病毒（Ageratum leaf curl Sichuan virus）、花莲胜红蓟黄脉病毒（Ageratum yellow vein Hualian virus）。编者在福建地区发现典型的藿香蓟黄脉病害。植物发病初期，仅少数叶片的局部叶脉变黄，可清晰地区分黄色叶脉和绿色叶肉组织；后期则整株呈现系统性黄脉症状，仅能看到零星的绿色叶肉部分（图3）。

图3　藿香蓟黄脉病症状（a～d）

（四）豨莶属（属拉丁名：*Siegesbeckia*）

4. 豨莶（种拉丁名：*Siegesbeckia orientalis*）

豨莶是一年生草本植物，在我国陕西、甘肃、江苏、浙江、安徽、江西、湖南、四川、贵州、福建、广东、广西、云南等省份均有分布，生长于山野、荒草地、灌丛、林缘及林下，也常见于耕地中。

目前，在我国福建、广东、贵州、云南的豨莶上均发现了豨莶黄脉病，病害相关病毒有豨莶黄脉病毒（Siegesbeckia yellow vein virus，SbYVV）、广西豨莶黄脉病毒（Siegesbeckia yellow vein Guangxi virus，SbYVGxV）、中国番木瓜曲叶病毒（papaya leaf curl China virus，PaLCuCNV）以及中国番茄黄化曲叶病毒（tomato yellow leaf curl China virus，TYLCCNV）。其中，SbYVV和SbYVGxV均被发现伴随有DNA卫星分子betasatellite，卫星分子与其辅助病毒形成一种新型的病害复合体。编者在病害调查时发现典型的豨莶黄脉病害，发病初期部分叶片的叶脉变黄，中期整株表现出系统性黄脉症状，后期整个叶片出现黄化甚至枯萎症状（图4）。

图4 豨莶（a）和豨莶黄脉病症状（b～d）

（五）一点红属（属拉丁名：*Emilia*）

5. 一点红（种拉丁名：*Emilia sonchifolia*）

一点红俗称紫背叶、红背果、片红青、叶下红、红头草、牛奶奶、花古帽、野木耳菜、羊蹄草、红背叶，一年生草本，主产于广西、广东、云南、福建、贵州、江西，是我国南方地区常用的传统中草药，分布于山坡荒地、田埂、路旁。

目前，有关一点红病毒病害的报道主要为一点红黄脉病。2008年，编者在福建地区发现一点红黄脉病害（图5），首次从病株上鉴定到一点红黄脉病毒（Emilia yellow vein virus，EmYVV）。2018年，Zhao等从泰国一点红黄脉病株上分离到泰国一点红黄脉病毒（Emilia yellow vein Thailand virus）和木尔坦棉花曲叶病毒（cotton leaf curl Multan virus，CLCuMuV）并伴随有一个烟草曲茎病毒伴随卫星分子（tobacco curly shoot alphasatellite）。2020年，赵丽玲等在调查野茼蒿黄脉病毒（Crassocephalum yellow vein virus，CraYVV）的田间寄主范围时，从云南一点红黄脉病株上分离到CraYVV。一点红黄脉病典型病症为染病初期零星叶片出现叶脉黄化症状，后期整个植株的叶片全部出现黄化、皱缩和曲叶症状。

图5　一点红（a）和一点红黄脉病症状（b～d）

（六）野茼蒿属（属拉丁名：*Crassocephalum*）

6. 野茼蒿（种拉丁名：*Crassocephalum crepidioides*）

野茼蒿俗名冬风菜、假茼蒿、革命菜、昭和草，是一种在泛热带广泛分布的直立草本植物，分布于海拔300～1 800米的山坡路旁、水边、灌丛中，通常被认为是杂草。

目前，有关野茼蒿病毒病害的报道主要是野茼蒿黄脉病。2006年至2008年间，编者在福建漳州地区发现野茼蒿黄脉病害（图6），病害相关病毒为一种新型双生病毒EmYVV。2008年，野茼蒿黄脉病害在云南省多地被发现，病害相关病毒为粉虱传双生病毒的CraYVV、TbLCYNV以及景洪野茼蒿黄脉病毒（CraYVV-Jinghong）。随后，CraYVV在云南省西双版纳傣族自治州检出率逐年增加，且在红河哈尼族彝族自治州也有检出。2020年，赵丽玲等从表现出典型症状的草莓、茄子、水茄、赛葵、龙葵、豨莶、臭牡丹、野茼蒿、一点红中均分离到CraYVV，说明自然条件下，CraYVV从侵染杂草到开始侵染作物，具有较为广泛的自然寄主范围，应加强管理以避免造成CraYVV大流行。

图6　野茼蒿（a）和野茼蒿黄脉病症状（b～c）

（七）鬼针草属（属拉丁名：*Bidens*）

7. 鬼针草（种拉丁名：*Bidens pilosa*）

鬼针草俗名金盏银盘、盲肠草、豆渣菜、豆渣草、引线包、一包针等，一年生草本，广泛分布于亚洲以及美洲的热带和亚热带地区，在我国主产于东北、华北、华东、西南及陕西、甘肃等地区，生长于村旁、路边、荒地、山坡及田间。鬼针草含有丰富的化学成分，因此，在中国民间作为常用草药被广泛应用，同时也是常见的农业杂草。

目前，鬼针草病毒病害主要为花叶、斑驳病，该病最早于20世纪60年代就被报道。病害相关病毒为马铃薯Y病毒属的鬼针草花叶病毒（Bidens mosaic virus，BiMV）和鬼针草斑驳病毒（Bidens mottle virus，BiMoV）。BiMV在巴西多地自然侵染鬼针草、向日葵、黄雏菊和豌豆。在中国，王建光等2006年首次报道从云南具有花叶、斑驳或畸形症状的鬼针草叶片分离到BiMoV。2013—2022年，多位科研工作者在云南进行番茄斑萎病毒属（*Orthotospovirus*）病毒的调查研究时，发现鬼针草是番茄斑萎病毒（tomato spotted wilt virus，TSWV）和番茄环纹斑点病毒（tomato zonate spot virus）的重要中间寄主之一，感病后的植株表现出花叶、斑驳等症状。编者在辽宁发现鬼针草花叶、斑驳病害，感病植株早期出现不规则褪绿斑点，中期叶片出现花叶、斑驳症状，后期出现叶片扭曲变形等症状（图7）。

图7　鬼针草花叶、斑驳病症状（a～d）

（八）牛膝菊属（属拉丁名：*Galinsoga*）

8. 粗毛牛膝菊（种拉丁名：*Galinsoga quadriradiata*）

粗毛牛膝菊俗名睫毛牛膝菊，一年生草本，原产于中美洲和南美洲，现已遍布世界温带、暖温带、亚热带等大部分地区。在我国辽宁、陕西西安、吉林、江西庐山、云南大理苍山、湖北黄冈、新疆石河子等地均有分布，生于草坪、绿地、花坛、果园、农田、公路旁、住宅区、撂荒地、空地、垃圾场和疏林等地。粗毛牛膝菊传播扩散速度较快，严重危害草坪、绿地、农田、林地和果园等，已成为我国亟待控制的主要恶性杂草之一。

目前，仅有关于牛膝菊花叶病的报道，未见关于粗毛牛膝菊病毒病害的相关报道。例如，早在1970年，澳大利亚地区就出现了牛膝菊花叶病害。2020年，李婷婷等在云南省红河哈尼族彝族自治州对番茄斑萎病毒属（*Tospovirus*）病毒寄主植物进行系统调查时，发现牛膝菊是TSWV的重要中间寄主，TSWV检出率高达42.53%，感病牛膝菊表现出花叶症状，所以应对TSWV重要中间寄主给予更多关注和防控。编者在病害调查时发现一种粗毛牛膝菊皱缩病，发病初期叶片轻微皱缩，随后出现疱斑和曲叶症状（图8）。

图8 粗毛牛膝菊（a）和粗毛牛膝菊皱缩病症状（b～d）

（九）莴苣属（属拉丁名：*Lactuca*）

9.翅果菊（种拉丁名：*Lactuca indica*）

翅果菊俗称野莴苣、山马草、苦莴苣、山莴苣、多裂翅果菊。一年生或二年生草本，生于山谷、山坡林缘及林下、灌丛中或水沟边、山坡草地或田间。翅果菊根或全草可入药，有利于清热解毒、凉血利湿，主治急性咽炎、急性细菌性痢疾、吐血、尿血、痔疮肿痛。翅果菊嫩茎叶可作蔬菜，也可作为家畜、家禽和鱼的优良饲料及饵料，具有较高的饲用价值，可作为草食畜牧业初级生产的高蛋白饲料植物。

目前，仅有一例翅果菊病毒病害的文献报道。周万福等对大庆地区翅果菊病害种类进行调查研究，结果发现一种病毒病害：早发病的叶片变细小如带状，病株明显矮缩；迟发病的叶片较正常叶略细小，叶色浓淡不均呈斑驳状，生长受抑制，绿叶产量大减。病原病毒种类以莴苣花叶病毒（lettuce mosaic virus，LMV）、蒲公英黄花叶病毒（dandelion yellow mosaic virus）和CMV为主。编者在辽宁地区进行病害调查时发现翅果菊黄化病，发病初期叶片出现零星黄斑，后期整个叶片黄化，植株矮化（图9）。

图9　翅果菊黄化病症状（a～b）

（十）假还阳参属（属拉丁名：*Crepidiastrum*）

10. 尖裂假还阳参（种拉丁名：*Crepidiastrum sonchifolium*）

尖裂假还阳参俗名抱茎苦荬菜、苦碟子、抱茎小苦荬、苦荬菜、黄瓜菜，多年生草本。主产于黑龙江、吉林、辽宁、内蒙古，在我国东北、华北、华东和华南等地区的平原、山坡、河边广泛分布，常见于荒野、路边、田间地头。尖裂假还阳参通常被当作野菜食用或被用作家畜饲料。此外，其由于具有清热解毒、凉血消肿、镇痛抗炎的作用而被药用。

目前未见关于尖裂假还阳参病毒病害的文献报道。编者在辽宁地区病害调查时发现了尖裂假还阳参黄化病害，发病初期叶片出现零星黄斑，随后黄斑面积扩大，不规则分布在整个叶片（图10）。

图10 尖裂假还阳参（a）及尖裂假还阳参黄化病症状（b）

（十一）苦荬菜属（属拉丁名：*Ixeris*）

11. 中华苦荬菜（种拉丁名：*Ixeris chinensis*）

中华苦荬菜俗名山鸭舌草、山苦荬、黄鼠草、小苦苣、苦麻子、苦菜、中华小苦荬，多年生草本，在俄罗斯远东地区及西伯利亚、日本、朝鲜有分布，在我国黑龙江、河北、山西、陕西、山东、福建、台湾、河南、四川、贵州、云南、西藏等地的山坡路旁、田野、河边灌木丛或岩石缝隙中均有分布。中华苦荬菜既可食用，又可药用，据报道其提取物具有抗炎、抗氧化、免疫调节、抗菌、保护肝脏等作用，含有丰富的活性物质，包括三萜、倍半萜、黄酮、核苷酸、氨基酸、多酚、维生素、多糖、生物碱和香豆素等。

目前未见关于中华苦荬菜病毒病害的文献报道。编者在辽宁地区病害调查时发现中华苦荬菜黄化病，发病初期植株叶片出现零星不规则黄色斑点，中后期整个叶片黄化、枯萎，如图11所示。

图11　中华苦荬菜（a）和中华苦荬菜黄化病症状（b～d）

（十二）向日葵属（属拉丁名：*Helianthus*）

12.菊芋（种拉丁名：*Helianthus tuberosus*）

菊芋俗名鬼子姜、番羌、洋羌、五星草、菊诸、洋姜、芋头，多年生草本，花期

8—9月。原产于北美洲，在我国各地广泛栽培，常用于腌制咸菜。随着其开发利用价值的发掘，菊芋已被广泛应用于食品开发、药品研发、工业、绿化观赏、生态治理等领域。

目前尚未见关于菊芋病毒病害的文献报道。编者在辽宁地区发现菊芋黄化病，植株发病初期叶片出现不规则黄色斑点，随后黄化面积逐渐扩大至整个叶片和整株，严重时整个植株明显矮化，如图12所示。

图12　菊芋（a）和菊芋黄化病症状（b～e）

13. 向日葵（种拉丁名：*Helianthus annuus*）

向日葵别名太阳花，一年生草本，是世界各国广泛种植的油料作物。原产于北美洲，世界各国均有栽培，通过人工培育，在不同生境上形成许多品种，特别在头状花序的大小、色泽及瘦果形态上有许多变异，是能够综合利用的最好原料。种子含油量很高，为半干性油，味香且可口，通常供食用。花穗、种子皮壳及茎秆可作饲料和工业原料，如用于制人造丝及纸浆等，花穗也可供药用。

我国向日葵普遍发生的病毒病是向日葵花叶病，在不同品种上症状差别较大，但多数为系统花叶或褪绿环斑或叶柄及茎上出现褐色坏死条纹。重病株顶部枯死，花盘变形，顶部小叶扭曲，种子瘪缩。病株矮化明显，多为健康植株高度的一半。该病对向日葵生长发育和产量的影响很大，发病早的向日葵甚至绝收。此外，甘肃地区向日葵被发现存在典型花叶、明脉和皱缩等病毒病症状，接近生长点的上部叶片明显变厚、变小，有的呈扇叶状，病害相关病毒为烟草花叶病毒、西瓜花叶病毒和莴苣花叶病毒。编者在辽宁地区发现向日葵黄化病，早期表现出零星的黄色斑点，中后期叶片全部黄化，植株明显矮化，如图13所示。

图13　向日葵病毒病症状（a～d）

（十三）大丽花属（属拉丁名：*Dahlia*）

14.大丽花（种拉丁名：*Dahlia pinnata*）

大丽花别名天竺牡丹、大丽菊、大理菊、地瓜花、东洋菊等，为多年生球根花卉，原产于墨西哥，是墨西哥的国花。因其具有花期长、花径大、花朵多、花色花型丰富等特点，被誉为世界名花。其块根富含菊糖并具有药用和食用价值。

大丽花主要通过块茎、插枝、嫁接或幼苗进行营养繁殖，能够被烟草花叶病毒（tobacco mosaic virus，TMV）、马铃薯Y病毒（potato virus Y，PVY）、CMV、烟草丛顶病毒（tobacco bushy top virus）、凤仙花坏死斑点病毒（impatiens necrotic spot virus）、TSV、TSWV、大丽花花叶病毒（Dahlia mosaic virus）、大丽花普通花叶病毒（Dahlia common mosaic virus）和大丽花矮化相关病毒（Dahlia stunt-associated virus）感染。编者在辽宁地区发现大丽花黄化曲叶病，染病植株叶片出现黄化、皱缩、曲叶的症状，整个植株比正常植株明显矮化，如图14所示。

图14　大丽花（a）和大丽花病毒病症状（b～d）

（十四）菊属（属拉丁名：*Chrysanthemum*）

15. 野菊（种拉丁名：*Chrysanthemum indicum*）

野菊是多年生草本植物，广泛分布于我国各个地区，在韩国、日本以及一些欧洲国家也有分布。野菊是一种重要的药用植物，具有疏风散热、消肿止痛、抗炎解毒的作用。

目前，有关野菊病毒病的报道只有两例。2020年，在新西兰地区报道过雀麦花叶病毒科（*Bromoviridae*）黄瓜花叶病毒属（*Cucumovirus*）番茄不孕病毒（tomato aspermy virus，ToAV）侵染野菊致其出现斑点症状。此外，编者在辽宁地区发现野菊黄边病害（图15），编者团队基于高通量测序技术确定了病害相关病毒为花椰菜花叶病毒科大豆斑驳病毒属的一个新种，暂将其命名为野菊黄边相关病毒1（Chrysanthemum yellow edge associated virus 1）。

图15　野菊健康叶片（a）和表现黄边病症的野菊叶片（b～c）

（十五）旋覆花属（属拉丁名：*Inula*）

16. 旋覆花（种拉丁名：*Inula japonica*）

旋覆花为多年生草本，在我国北部、东北部、中部、东部各省份极为常见，在四川、贵州、福建、广东也可见到，生长于山坡路旁、湿润草地、河岸和田埂上。目前，未见旋覆花病毒病害的相关报道，编者在辽宁地区发现旋覆花黄化病，叶片早期出现不规则黄色线条，后期整个叶片黄化，见图16。

图16　旋覆花健康叶片（a）和表现黄化病症状的叶片（b）

二、葫芦科

科拉丁名：Cucurbitaceae

（十六）南瓜属（属拉丁名：*Cucurbita*）

17. 南瓜（种拉丁名：*Cucurbita moschata*）

南瓜又名饭瓜、金瓜、倭瓜，一年生草本植物，是我国重要的蔬菜品种之一。除地下根系外，南瓜地上部分的各个器官，即嫩梢、叶、花、果、种子，均可食用。南瓜用途多样，既可作为蔬菜食用，其籽也可利用，还能作为饲料，同时是观赏植物及瓜类嫁接的理想砧木。因此，南瓜在全国范围内的栽培与应用相当普遍，其播种面积和产量均位于世界前列。

目前，已报道的能侵染南瓜的病毒有80多种，主要包括小西葫芦黄化花叶病毒（zucchini yellow mosaic virus，ZYMV）、CMV、西瓜花叶病毒（watermelon mosaic virus，WMV）、南瓜花叶病毒（squash mosaic virus，SqMV）、南瓜曲叶病毒（squash leaf curl virus，SLCV）、瓜类褪绿黄化病毒（Cucurbit chlorotic yellows virus，CCYV）和番木瓜花叶病毒（papaya mosaic virus，PaMV）等。编者在辽宁地区发现南瓜病毒病，症状复杂多样，症状主要为花叶型、黄化型、皱缩型与绿斑型，如图17所示。

图17 南瓜病毒病症状（a～d）

18. 蜜本南瓜

蜜本南瓜又叫狗肉南瓜，属葫芦科葫芦亚科南瓜属，蜜本南瓜为杂交南瓜，蔓生植物。叶片呈钝角掌状形，果实为木瓜形，皮为橙黄色。蜜本南瓜味甘、质粉、口感细腻，含有丰富的蛋白质、维生素、矿物质和多种微量元素，是我国南瓜栽培种中品质较好、适合烹调和深加工的品种之一。编者在辽宁地区发现蜜本南瓜病毒病，染病植物叶片出现典型的褪绿黄化症状，如图18所示。

图18 蜜本南瓜（a）和蜜本南瓜病毒病症状（b）

19. 西葫芦（种拉丁名：*Cucurbita pepo*）

西葫芦又名占瓜、荀瓜、小瓜、茄瓜、角瓜、窝瓜、番瓜、熊瓜、白瓜等，是一年生蔓生草本植物，原产于北美洲南部。我国自19世纪中叶从欧洲将其引入后，主要栽培在北方地区。西葫芦适应性强、生长快、结果早、经济效益高。西葫芦皮色有白皮、绿皮、黄皮和花皮四种，嫩瓜可食用，可炒食或做馅，含有丰富的维生素C、胡萝卜素等营养物质，钙含量较高。

目前，已报道的对我国西葫芦生产造成严重危害的病毒主要有ZYMV、CMV、WMV、番木瓜环斑病毒（papaya ring spot virus，PRSV）和黄瓜绿斑驳花叶病毒（cucumber green mottle mosaic virus，CGMMV）、CCYV和中国南瓜曲叶病毒（squash leaf curl China virus，SLCCNV）。编者在辽宁地区发现西葫芦病毒病，果皮出现水渍状绿色环斑或不规则绿色斑块，严重影响西葫芦品质，如图19所示。

图19 西葫芦（a）和西葫芦病毒病症状（b）

（十七）黄瓜属（属拉丁名：*Cucumis*）

20. 黄瓜（种拉丁名：*Cucumis sativus*）

黄瓜又名胡瓜、刺瓜、青瓜、旱黄瓜，为一年生的攀援性草本植物。在我国，黄瓜是一种很重要的设施蔬菜，其果实可食用，具有皮薄肉厚、肉质脆嫩、有清香味等特点，深受人们的喜爱。黄瓜的茎藤具有消炎、祛痰、镇痉等作用，黄瓜中的黄酮类化合物、多糖、葫芦素（主要为葫芦素B和葫芦素C）具有抗衰老、抗肿瘤、保肝等作用。

目前，已报道的黄瓜病毒病原涉及*Potyvirus*属、*Tobamovirus*属、*Tospovirus*属、*Polerovirus*属的36种病毒，染病后的黄瓜叶片会出现不同程度的皱缩、畸形以及绿斑花叶和黄斑花叶等病症。编者在辽宁地区发现黄瓜病毒病，染病的黄瓜果实小、畸形、色泽不均、表面凹凸不平，如图20所示。

图20　黄瓜（a）及其病毒病症状（b）

（十八）葫芦属（属拉丁名：*Lagenaria*）

21. 葫芦（种拉丁名：*Lagenaria siceraria*）

葫芦俗称瓠、瓠瓜、大葫芦、小葫芦、葫芦瓜，一年生蔓生或攀援藤本植物。葫芦是世界上最古老的作物之一，在我国已有7 000多年的历史，目前，我国各地均有栽培。葫芦的用途较为广泛：葫芦果实可作蔬菜；葫芦花可用于解毒，且对各种瘘疮十分有效；葫芦瓤及籽，可治牙痛、面目及四肢肿、小便不通、鼻塞及痈疽恶疮；葫芦壳可用于消热、解毒、润肺利便；葫芦经过加工后，也可作为一种乐器——葫芦丝；由于"葫芦"与"福禄"同音，是富贵的象征，代表长寿吉祥，常被当作装饰品摆放在家中。

目前，已报道的葫芦病毒病相关病毒有CGMMV、ZYMV、WMV、CMV，染病葫芦出现叶片褪绿斑驳、泡状、黄化、畸形，果实变形等症状。编者在辽宁地区发现葫芦病毒病，染病葫芦叶片呈现黄化症状，如图21所示。

图21　葫芦（a）和葫芦病毒病症状（b）

（十九）丝瓜属（属拉丁名：*Luffa*）

22. 丝瓜（种拉丁名：*Luffa aegyptiaca*）

丝瓜是一年生攀援藤本，在我国南北方均被广泛种植，也广泛栽培于世界温带、热带地区。丝瓜可药食两用，不仅可作为蔬菜供人们食用，还可入药发挥其价值，比如清热、利尿、活血、通经、解毒等。此外，成熟丝瓜内的网状纤维组织——丝瓜络常被家庭作为海绵的替代品，用于清洁洗刷厨具或家具。

丝瓜病毒病是丝瓜常见的病害之一，其发生率很高。截至目前，报道过的可侵染丝瓜的植物病毒有CMV、TMV、PVY、WMV、芜菁花叶病毒（turnip mosaic virus，TuMV）、甜瓜花叶病毒（melon mosaic virus）、番茄环斑病毒（tomato ringspot virus，ToRSV）。编者在辽宁地区发现丝瓜病毒病，感病叶尖端先出现黄色环斑或黄绿相间花叶，病害严重时则整个叶片呈现黄色花叶、明显皱缩和泡斑症状，如图22所示。

图22 丝瓜（a）和丝瓜病毒病症状（b～d）

（二十）刺果瓜属（属拉丁名：*Sicyos*）

23. 刺果瓜（种拉丁名：*Sicyos angulatus*）

刺果瓜是一年生草质藤本植物，常生长于路边、堤岸、景区和农田等地，能够攀附在玉米、大豆、谷子等多种作物上，其种子可寄生在植物上，从中吸收水分进行生长繁殖，对作物造成严重危害。1997年，刺果瓜在大连首次被发现，随后，在辽宁其他地区、北京、河北等地也有被发现。2017年，刺果瓜被列入《中国自然生态系统外来入侵物种名单》中。

目前，尚无关于刺果瓜病毒病害的报道。编者在辽宁地区发现刺果瓜病毒病，染病早期叶片表现出褪绿症状，后期叶片呈现出典型的黄斑驳、皱缩、疱斑、畸形等症状，如图23所示。

图23　刺果瓜（a）和刺果瓜病毒病症状（b～d）

三、豆科

科拉丁名：Fabaceae

（二十一）豇豆属（属拉丁名：*Vigna*）

24. 豇豆（种拉丁名：*Vigna unguiculata*）

豇豆俗名红豆、饭豆，一年生缠绕、草质藤本或近直立草本，是一种原产于非洲的重要的粮食和营养安全作物，在热带及亚热带地区被普遍种植。在我国，每年的种植面积约为50万公顷，是我国具有重要经济价值的豆科植物。

侵染豇豆的主要病毒主要有豇豆轻花叶病毒（cowpea mild mottle virus，CpMMV）和豇豆重花叶病毒（cowpea severe mottle virus，CpSMV）。其中，CpMMV主要由烟粉虱以非持续方式传播，也能通过种子传播，危害大豆、豇豆、菜豆等多种豆科作物。编者在福建地区发现豇豆病毒病害，植株患病后，叶片出现黄绿相间的花斑，随着病害程度的加重，叶片畸形，严重时整株萎缩甚至死亡（图24）。

图24 豇豆受病毒侵染的病害症状（a～d）

25. 赤豆（种拉丁名：*Vigna angularis*）

赤豆又称小豆、红豆、红小豆，属豆科豇豆属，一年生直立或缠绕草本，性喜温、喜光，抗涝，对土壤适应性较强，在微酸、微碱性土壤中均能生长，生育期短，可与小麦、玉米、谷子等作物进行间作、套种。它是一种既可食用，也可入药的作物，是高蛋白低脂肪的优质食物，同时具有健脾止泻、利水消肿、解毒排脓、清热去湿、补脾补血、生津益气等功效。原产于我国，主要分布于华北、东北和长江中下游地区，南方部分地区也有少量种植，亚洲、美洲及非洲部分国家亦有引种。

目前在我国河北、天津等地均有赤豆病毒病害报道。病害相关病毒有CMV、苜蓿花叶病毒（alfalfa mosaic virus，AMV）、豇豆蚜传花叶病毒（cowpea aphid-borne mosaic virus，CAbMV）、蚕豆萎蔫病毒（broad bean wilt virus，BBWV）、小豆花叶病毒（adzuki-bean mosaic virus，AzMV）、BCMV、菜豆黄花叶病毒（bean yellow mosaic virus，BYMV）、黑眼豇豆花叶病毒（blackeye cowpea mosaic virus，BlCMV），其中CMV的发生最为普遍。编者在辽宁地区发现，赤豆受病毒侵染的田间症状主要表现为花叶、斑驳、皱缩、卷曲等（图25）。

图25　赤豆受病毒侵染的病害症状（a～d）

（二十二）菜豆属（属拉丁名：*Phaseolus*）

26. 菜豆（种拉丁名：*Phaseolus vulgaris*）

菜豆，俗名香菇豆、芸豆、四季豆、云扁豆、矮四季豆、地豆、豆角，一年生、缠绕或近直立草本植物。菜豆生长期短，栽培容易，供应期长，喜温暖，不耐霜冻，喜光，在荚果类蔬菜中栽培最为普遍。它主要起源于中美洲的墨西哥和南美洲的阿根廷，中国为次起源中心。中国大部分省份都有菜豆分布，但主要分布于黑龙江、内蒙古、山西、陕西、四川、贵州、云南等省份，西藏和海南菜豆资源较少。

在我国菜豆上报道的病毒有菜豆普通花叶病毒（bean common mosaic virus，BCMV）、CMV、ToAV、LMV、BBWV2、BYMV、TMV、TuMV、AMV、ZYMV、BlCMV、ClYVV、花生丛簇病毒（peanut clump virus）、花生矮化病毒（peanut stunt virus，PSV）、南方菜豆花叶病毒（south bean mosaic virus），其中CMV的发生较为普遍，是危害我国蔬菜作物的优势病毒。菜豆病毒病多表现出系统性症状，病株出苗后即显症。植株受害后，叶片出现明脉，产生褪绿带、斑驳或绿色部分凹凸不平，叶片皱缩、扭曲、畸形，植株生长受抑制，株型矮小，开花迟缓或落花，开花结荚明显减少，豆荚短小，有时会出现绿色斑点。编者在辽宁沈阳地区发现了具有叶片皱缩、曲叶、疱斑和畸形等症状的菜豆（图26）。

图26　菜豆受病毒侵染的病害症状（a～d）

（二十三）落花生属（属拉丁名：*Arachis*）

27. 落花生（种拉丁名：*Arachis hypogaea*）

花生，一年生草本植物，果实富含油脂及蛋白质，不仅是被广泛食用、营养丰富的优质坚果，还是食用油、花生蛋白等产品的主要原料之一，被广泛种植于世界各地。花生在我国各省份均有种植，其中以河南、山东、河北为核心的北方产区（含苏北和淮北）花生种植面积和产量均占全国的一半以上，其次为华南产区（含广东、广西、福建、海南及湘南、赣南地区）和长江流域产区〔含四川、湖北、湖南（除湘南地区外）、江西（除赣南地区外）、重庆、贵州以及江淮地区〕。

截至目前，国内外已发布的报道表明，花生可被28种病毒（分布在7个科12个属内）自然侵染。在中国，侵染花生的病毒有花生条纹病毒（peanut stripe virus）、PSV、花生斑驳病毒（peanut mottle virus）、TSWV、CMV、辣椒褪绿病毒（capsicum chlorosis virus）和花生褪绿扇斑病毒（peanut chorotic fan-spot virus）。花生病毒病是系统性感染，染病后往往全株表现出病害症状，几种病毒病常混合发生，表现出黄色斑驳、绿色条纹等复合症状。编者在辽宁沈阳地区发现黄斑驳症状花生病样（图27），编者团队确定病害相关病毒为菜豆普通花叶病毒BCMV。

图27 花生受病毒侵染的病害症状（a～d）

（二十四）刺槐属（属拉丁名：*Robinia*）

28. 刺槐（种拉丁名：*Robinia pseudoacacia*）

刺槐又名洋槐，落叶乔木，原产于美国东部，现在我国大部分地区都有栽植，主要包括吉林、辽宁、新疆、甘肃、青海、陕西、北京、天津、河北、山西、江苏等地。刺槐属于强阳性树种，喜光照，较耐干旱和贫瘠，能在碱性、中性等多种土壤中生长。它生长快，萌芽力强，根系浅而发达，为优良固沙保土树种。刺槐材质硬重，抗腐耐磨，宜做农业车辆、枕木、建筑、矿柱等多种用材。

目前，已报道的能侵染刺槐的病毒有刺槐花叶病毒（robinia moasic virus）、AMV、PRSV、WMV 和 PSV。刺槐花叶病是常见的刺槐病害，发生普遍，分布广泛，其症状表现为系统花叶，叶片色泽不均匀，表现出淡绿、深绿相嵌的斑驳，并出现泡斑、叶片畸形，叶形变窄变长。编者在辽宁沈阳地区首次发现针形叶刺槐病株，染病初期植株叶片黄化，中期叶片明显变细，后期整株叶片呈针形（图28）。

图28　刺槐受病毒侵染的病害症状（a～c）

（二十五）槐属（属拉丁名：*Styphnolobium*）

29. 龙爪槐（种拉丁名：*Styphnolobium japonicum*）

龙爪槐，为国槐变种下的一个栽培变型，又名垂槐、盘槐，落叶小乔木，原产于我国北方，现在全国各地均有分布，是华北平原和黄土高原的重要园林绿化树种。龙爪槐喜干燥和阳光充足的环境，耐寒、耐旱，不耐阴湿，萌芽力强，寿命长，土壤以深厚、肥沃、排水良好的沙质壤土为宜。龙爪槐树枝扭转弯曲下垂，树姿优美，树姿如伞，姿态别致，且对二氧化硫、氯气有一定的抗性，在江南地区被广泛栽植。

目前，已报道的龙爪槐病害病原主要是真菌，暂未见有关龙爪槐病毒病害的报道。编者在辽宁沈阳地区发现龙爪槐病毒病害，染病植株叶片呈现出黄色斑点、斑驳、畸形等复合型症状（图29）。

图29　龙爪槐（a）及其受病毒侵染的病害症状（b）

（二十六）车轴草属（属拉丁名：*Trifolium*）

30. 红车轴草（种拉丁名：*Trifolium pratense*）

红车轴草又名红三叶、红花苜蓿和三叶草等，为多年生草本植物，原产于欧洲和西亚，现广泛分布于世界各地，为温带分布植物，我国南方和北方均有栽培或野生植株存在。红车轴草具有观赏、饲用、药用等多种价值，文献记载其主要功效为镇痉、止咳止喘，全草制成软膏可治疗局部溃疡。

目前，我国已报道的能侵染红车轴草的病毒有AMV、CIYVV、白三叶草花叶病毒（white clover mosaic virus）、PSV、红三叶草脉花叶病毒（red clover vein mosaic virus）、红三叶草坏死花叶病毒（red clover necrotic mosaic virus）和BYMV。在国外，还有弹状病毒科（*Rhabdoviridae*）细胞质弹状病毒属（*Cytorhabdovirus*）的红车轴草病毒A（trifolium pratense virus A）和红车轴草病毒B（trifolium pratense virus B）侵染红车轴草的报道。编者团队在甘肃地区发现红车轴草病毒病害，染病植物叶片呈现出典型的黄斑驳症状，如图30所示。

图30 红车轴草（a）及其受病毒侵染的病害症状（b）

四、茄科

科拉丁名：Solanaceae

（二十七）烟草属（属拉丁名：*Nicotiana*）

31. 烟草（种拉丁名：*Nicotiana tabacum*）

　　烟草是一年生或有限多年生草本，叶片形状多样，有长圆状披针形、披针形、长圆形或卵形。原产于南美洲，现在我国南方和北方各省份均有栽培，是烟草工业的原料，还可作为生物学实验中的模式植物。

　　病毒病害一直是烟叶优质高产的重要限制因素。目前，影响烟草产业发展的主要病毒有27种，其中有21种与烟草病害相关的病毒已经在国内被发现，例如TMV、CMV、PVY、TSV、TSWV、烟草蚀纹病毒（tobacco etch virus，TEV）、烟草环斑病毒（tobacco ringspot virus）、烟草脆裂病毒（tobacco rattle virus，TRV）、烟草曲叶病毒（tobacco leaf curl virus）、烟草轻绿花叶病毒（tobacco mild green mosaic virus）、烟草脉带花叶病毒（tobacco vein banding mosaic virus）、番茄坏死矮化病毒（tomato necrotic stunt virus）、秘鲁番茄花叶病毒（Peru tomato mosaic virus）、胡葱黄条病毒（shallot yellow stripe virus）、地黄花叶病毒（rehmannia mosaic virus）、蛇鞭菊轻斑驳病毒（gayfeather mild mottle virus）、番茄花叶病毒（tomato mosaic virus，ToMV）、番茄黄化曲叶病毒（tomato yellow leaf curl virus，TYLCV）、苎麻花叶病毒（ramie mosaic virus）、广东番木瓜曲叶病毒（papaya leaf curl Guangdong virus）和AYVV等。大部分地区的烟草病毒病主要是TMV、CMV、PVY等一种或几种病毒混合发生、复合感染，被病毒侵染的烟草会出现明脉、花叶、曲叶、矮化等症状。编者在福建和辽宁地区观察到烟草病毒病害，染病植株呈现脉肿、耳突、曲叶、矮化等复合症状，如图31所示。

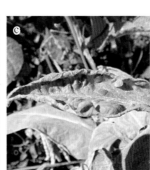

图31　烟草曲叶病症状（a～d）

（二十八）茄属（属拉丁名：*Solanum*）

32. 番茄（种拉丁名：*Solanum lycopersicum*）

番茄又称洋柿子、西红柿，一年生草本植物，其叶为羽状复叶，其果实表面光滑，为鲜红色或者橘黄色，肉质，多汁液。番茄原产于南美洲，是世界上最重要的蔬菜作物之一。我国是番茄的主要生产国，番茄在南方和北方被广泛栽培。番茄果实内含有多种营养物质，不仅具有清热、生津止渴的作用，还有抗衰老、预防肿瘤、保护视力等作用。

目前，全球范围内，被报道能够侵染番茄的病毒大约有100种，在我国已报道的番茄病毒有43种，其中RNA病毒有24种，DNA病毒有19种，主要有CMV、ToMV、马铃薯X病毒（potato virus X，PVX）、AMV、TEV、PVY、ToAV、番茄黑环病毒（tomato black ring virus）、绒毛烟斑驳病毒（velvet tobacco mottle virus）、马铃薯卷叶病毒（potato leafroll virus）、烟草束顶病毒（tobacoo bushy top virus）、TSWV、番茄丛矮病毒（tomato bushy stunt virus）、番茄曲顶病毒（tomato curl top virus）、番茄曲叶病毒（tomato leaf curl virus）、BBWV、烟草坏死病毒（tobacco necrosis virus）、番茄侵染性褪绿病毒（tomato infectious chlorosis virus）等，受侵染的番茄会出现叶片畸形并变成丝状、系统褪绿小斑且有枯斑，有时会产生坏死斑等症状。编者在辽宁地区发现番茄黄化、曲叶、畸形病（图32），病害相关病毒为中国番茄黄化曲叶病毒TYLCCNV。

图32　番茄黄化曲叶病症状（a～e）

33. 龙葵 （种拉丁名：*Solanum nigrum*）

龙葵又名黑天天、野葡萄、野海椒、苦葵等，一年生直立草本植物，叶互生，叶片呈卵形或卵状椭圆形，浆果为球形，成熟时呈现黑紫色。龙葵中含有多种化学成分，具有抗肿瘤、抗炎等药理活性。我国几乎全国均有分布，喜生于田边、荒地及村庄附近。在世界范围内，龙葵广泛分布于欧洲、亚洲、美洲的温带至热带地区。

目前，已有龙葵作为CMV、TEV和PVY等病毒重要的中间寄主的相关报道。编者在辽宁地区发现龙葵病毒病，病株表现出黄斑驳、皱缩等症状，如图33所示，病害相关病毒为辣椒脉斑驳病毒（Chilli veinal mottle virus，ChiVMV）。

图33　龙葵（a）及龙葵病毒病症状（b）

34. 茄子 （种拉丁名：*Solanum melongena*）

茄子别称矮瓜、白茄、吊菜子、落苏、紫茄，原产于亚洲热带地区，在全世界均有分布，以亚洲栽培为最多。在热带为多年生灌木，在温带只能作为一年生草本植物栽培。茄子含有丰富的营养成分。在中国，茄子作为一种蔬菜作物在各地均有栽培。

目前，已报道的茄子病毒病病原可分为三大类：类病毒、RNA病毒和DNA病毒。RNA病毒有AMV、BBWV、CMV、ToMV、PVX、TMV、TSWV、BBWV2、TuMV、茄子斑驳皱缩病毒（eggplant mottled crinkle virus）、茄子斑驳矮化病毒（eggplant mottled dwarf virus）、茄子轻叶斑点病毒（eggplant mild leaf mottle virus）、茄子泡斑驳病毒（eggplant blister mottled virus）、番茄灼烧病毒（tomato torrado virus）、葡萄A病毒（grapevine virus A，GVA）；类病毒有茄子潜隐类病毒（eggplant latent viroid）；DNA病毒有ToLCNDV。编者在辽宁地区发现茄子病毒病害，病株表现出不同程度的褪绿症状，叶片背面聚集了大量烟粉虱（图34），病害相关病毒为TYLCCNV。

图34　茄子褪绿病症状（a～d）

（二十九）辣椒属（属拉丁名：*Capsicum*）

35. 辣椒（种拉丁名：*Capsicum annuum*）

辣椒是一年生草本植物，原产于拉丁美洲热带地区，现在全国各地均有栽培。辣椒是最常见的茄果类蔬菜，含有丰富的维生素C，同时也有促进食欲、增强消化能力、促进血液循环等功效。

辣椒在生产过程中极易发生病毒病，影响其品质和产量。目前，在世界范围内，已报道的可侵染辣椒的植物病毒超过70种，我国报道的辣椒病害相关病毒达35种，主要有AMV、BBWV、CMV、PVY、PVX、ToMV、TMV、TEV、TRV、TSWV、辣椒脉斑驳病毒（chilli veinal mottle virus，CVMV）、茄子花叶病毒（eggplant mosaic virus）、辣椒斑驳病毒（pepper mottle virus）、辣椒轻斑驳病毒（pepper mild mottle virus，PMMV）、辣椒脉斑驳病毒（pepper veinal mottle virus）等，被病毒侵染后的辣椒通常表现为花叶、黄化、坏死和畸形等症状。辣椒大多被多种病毒复合侵染，病害症状表现更为复杂，危害性更加严重。编者在辽宁地区发现辣椒病毒病，病株表现出黄斑驳、皱缩、曲叶等症状，如图35所示，病害相关病毒为植物杆状病毒科烟草花叶病毒属的PMMV。

图35 辣椒病毒病症状（a～d）

（三十）洋酸浆属（属拉丁名：*Physalis*）

36. 毛酸浆（种拉丁名：*Physalis philadelphica*）

毛酸浆又名菇茑、洋菇娘等，一年生草本。作为药食两用植物，毛酸浆具有独特的风味和价值，成熟浆果口感酸甜可口，味道鲜美，可生食、糖渍、醋渍或做果浆，越来越多人对其进行深加工，延长产业链，以创造更高的经济效益。此外，毛酸浆主要含黄酮类、甾体类、苯丙素类、生物碱类、脂肪酸类等多种化学成分，具有抗肿瘤、抗菌、抗氧化、利尿、免疫抑制等多种药理活性。

目前，有关毛酸浆病害的报道主要有细菌性病害和真菌性病害，鲜见病毒病害报道。编者在辽宁地区发现毛酸浆病毒病害，病株叶片表现出黄斑驳、疱斑、曲叶等复合症状，如图36所示。

图36　毛酸浆（a）及毛酸浆病毒病症状（b～d）

五、锦葵科

科拉丁名：**Malvaceae**

（三十一）苘麻属（属拉丁名：*Abutilon*）

37. 苘麻（种拉丁名：*Abutilon theophrasti*）

苘麻别名有椿麻、塘麻、青麻、白麻、车轮草等，一年生亚灌木草本植物，在全国各地均有分布，生长于耕地、田边、路旁、荒地，产量居世界首位。它是常见的农田杂草，也是被广泛栽培的经济植物。

目前，我国有三例关于苘麻病毒病害的报道：牛颜冰等人在山西晋中地区发现苘麻叶片表现出褪绿、坏死斑等症状，通过血清学、双链DNA分离和RT-PCR等检测技术对侵染苘麻的病原进行了鉴定，确定病原为TMV。随后，张升等和高国龙等发现苘麻受到TYLCV和CLCuMuV的侵染。编者在辽宁省沈阳地区发现苘麻病毒病害，病株表现出叶片畸形、叶脉肿大、叶肉组织退化、曲叶等症状，如图37所示。

图37 苘麻（a）及其受病毒侵染的病害症状（b）

（三十二）赛葵属（属拉丁名：*Malvastrum*）

38. 赛葵（种拉丁名：*Malvastrum coromandelianum*）

赛葵又名黄花棉和黄花草等，为多年生亚灌木草本植物，多散生于干热草坡，喜温暖湿润的气候，稍耐旱，不耐寒，宜以疏松而肥沃的土栽培。赛葵原产于美洲热带地区，因其具有较强的适应性、繁殖力和扩散力，现已广泛分布于我国福建、台湾、广东、海南、广西、云南及四川等南方多个省份。

目前，在我国多地发现赛葵病毒病害，病害相关病毒多为双生病毒，包括赛葵黄脉病毒（Malvastrum yellow vein virus）、TYLCCNV、福建番木瓜曲叶病毒（papaya curl leaf Fujian virus）、云南赛葵黄脉病毒（Malvastrum yellow vein Yunnan virus）、赛葵曲叶病毒（Malvastrum leaf curl virus）、AlYVV、MalYMV、AYVV等。编者在福建地区发现赛葵病毒病害，病叶呈现典型脉肿、曲叶和耳突症状，如图38所示。

图38　赛葵受病毒侵染的病害症状（a～b）

（三十三）锦葵属（属拉丁名：*Malva*）

39. 锦葵（种拉丁名：*Malva cathayensis*）

锦葵别称钱葵、欧锦葵、棋盘花，是锦葵科锦葵属的代表种，二年生或多年生草本。原产于亚洲、欧洲及北美洲，现成为我国南方和北方各城市常见的栽培植物。它耐寒、耐干旱，对土壤要求不高，生长势强、抗逆性强，喜阳光充足，绿期3—11月，是水土保持和栖息地环境保持的优良植物。它的用途大多是在花坛、花境，可作为背景材料，观赏性极强。此外，锦葵的种子有利湿解毒、润肠通便的功效，其花还可治咽喉肿痛。

目前，已报道的能侵染锦葵的病毒有CMV、AMV、锦葵脉明病毒（Malva vein cleaning virus，MVCV）、锦葵伴随大豆萎黄斑驳病毒1（malva-associated soymovirus 1）、苘麻花叶病毒（abutilon mosaic virus）、黄花捻花叶病毒（Sida micrantha mosaic virus）、TYLCV、秋葵曲叶病毒（okra leaf curl virus）、甜菜曲顶病毒（beet curly top virus）、莴苣褪绿病毒（lettuce chlorosis virus）和棉花曲叶病毒（cotton leaf curl virus）等，但是大多数是双生病毒。编者在辽宁地区发现出现黄化症状的锦葵样品，其叶片染病初期出现零星不规则黄色斑点，随后逐渐扩大，最后整个叶片黄化，如图39所示。

图39　锦葵受病毒侵染的病害症状（a～b）

（三十四）蜀葵属（属拉丁名：*Alcea*）

40. 蜀葵（种拉丁名：*Alcea rosea*）

蜀葵又名饽饽团子、斗蓬花、栽秧花、棋盘花、麻杆花、一丈红、淑气、熟季花、小出气，是一种原产于我国四川地区的多年生草本植物。蜀葵植株高大健壮，花朵大且鲜艳，色彩丰富多样，常见的有红色、黄色、白色、紫色等，观赏价值极高，可用于园林、道路绿化及庭院观赏，在我国分布很广，华东、华中、华北均有种植。此外，蜀葵具有较高的药用价值和食用价值，其花、根均可入药以及食用。

随着蜀葵种植面积的不断扩大，其病毒病的危害也日趋严重。目前，蜀葵已报道的病毒主要有CLCuMuV、ZYMV、MVCV、蜀葵叶皱病毒（hollyhock leaf crumple virus）、蜀葵黄脉花叶病毒（hollyhock yellow vein mosaic virus）、班加罗尔棉曲叶病毒（cotton leaf curl Bangalore virus）、蜀葵耳突病毒（Althaea rosea enation virus）、WMV和蜀葵病毒1号（Althaea rosea virus 1）。编者在辽宁地区发现蜀葵黄脉病，病株发病早期沿着叶脉变黄并逐渐扩散，后期整个叶片黄化、畸形，如图40所示。

图40 蜀葵（a）及其病毒病症状（b～d）

（三十五）木槿属（属拉丁名：*Hibiscus*）

41. 朱槿（种拉丁名：*Hibiscus rosa-sinensis*）

朱槿又名状元红、桑槿、大红花、佛桑、扶桑、花叶朱槿，属一年生常绿灌木，花期长至全年，四季常开，花大色艳，作为重要的园林绿化植物及家庭盆栽花，在我国广东、云南、台湾、福建、广西、四川等省份被广泛种植。

目前，在我国多地发生朱槿曲叶病病害。最早于广东省广州市天河区五山地区发现朱槿曲叶病后，陆续在广东、江苏、河南、广西和新疆地区发现朱槿曲叶病，个别疫区的朱槿病株率高达75%以上。病株主要表现出叶片向上卷曲、叶脉肿大、叶背有耳状突起、开花少或不开花等症状。植株感病后，长势迅速衰弱，最终植株严重衰弱，甚至枯死。病害病原被确定为木尔坦棉花曲叶病毒CLCuMuV。编者在福建地区进行病害调查时发现朱槿曲叶病，叶片严重向上卷曲并伴随耳突症状，如图41所示。

图41　朱槿受病毒侵染的病害症状（a～b）

六、唇形科

科拉丁名：Lamiaceae

（三十六）紫苏属（属拉丁名：*Perilla*）

42. 紫苏（种拉丁名：*Perilla frutescens*）

　　紫苏别名赤苏、红苏、白苏等，为唇形科紫苏属一年生草本植物，拥有较高的食用、药用、观赏价值，原产于我国的中南部地区。近些年来紫苏因含有特有的活性物质及营养成分，成为备受关注的多用途植物，种植面积也随之增大，在国内外市场中的畅销程度逐年提升。紫苏在我国分布较广，其分布主要集中在东北各省以及河北、山西、江苏、安徽、湖北、四川、福建、云南、贵州等省。

　　目前，在我国有关紫苏病害的报道主要有锈病、白粉病、斑枯病和根腐病。此外，也有TYLCV和BBWV2在辽宁地区紫苏上发生的报道。编者在辽宁沈阳地区发现紫苏病毒病害，染病植物叶片表现出黄斑驳、皱缩、疱斑和曲叶症状，如图42所示。

图42 紫苏（a）和紫苏黄花叶、皱缩病（b～d）症状

（三十七）大青属（属拉丁名：*Clerodendrum*）

43. 大青（种拉丁名：*Clerodendrum cyrtophyllum*）

　　大青俗名鸡屎青、猪屎青、臭叶树、野靛青、牛耳青、山漆、山尾花、淡婆婆、青心草、臭冲柴、鸭公青、山靛青、土地骨皮、路边青，灌木或小乔木，高可达10米，分布于我国的华东、中南、西南，常见于丘陵、平原、林缘、路旁、溪边。

　　2009年，编者在福建地区发现大青曲叶和黄花叶病害（图43），并首次从大青花叶病样中鉴定到一个新型双组分菜豆金色黄花叶病毒属病毒，包含DNA-A和DNA-B两种组分，暂命名为中国大青金花叶病毒（clerodendrum golden mosaic China virus，ClGMCNV）。随后，苏秀等在江苏和浙江的大青病样中也鉴定到ClGMCNV，再次证实了大青是ClGMCNV的自然寄主。

图43　大青（a）、大青曲叶病（b）和黄花叶病（c～d）症状

（三十八）活血丹属（属拉丁名：*Glechoma*）

44. 活血丹（种拉丁名：*Glechoma longituba*）

活血丹又名特巩消、退骨草、透骨草、金钱草、连钱草、佛耳草、落地金钱等，多年生草本，生于林缘、疏林下、草地中、溪边等阴湿处，除甘肃、青海、新疆和西藏外，全国各地均有分布。活血丹既可口服，又可外用，具有利湿通淋、清热解毒、散瘀消肿等功效，主要含有黄酮、萜类、有机酸等成分。

目前，未见活血丹病毒病害相关报道。编者在辽宁沈阳地区发现活血丹病毒病害，染病植物叶片表现为褪绿、皱缩畸形病症，如图44所示。

图44 活血丹（a）和活血丹褪绿畸形叶片症状（b）

（三十九）藿香属（属拉丁名：*Agastache*）

45. 藿香（种拉丁名：*Agastache rugosa*）

藿香俗名芭蒿、野藿香、野薄荷、山薄荷、大叶薄荷、土藿香、薄荷、八蒿、拉拉香、山猫巴、猫尾巴香、猫巴虎、猫巴蒿、把蒿、山茴香，多年生草本，为药食同源植物，具有很高的药用价值和食用价值，被东亚及东南亚各国作为传统药物广泛使用。

目前，有关藿香病毒病的报道，仅有山西省田间藿香被CMV侵染和危害的报道。编者在辽宁地区的藿香上发现黄环斑病害，染病植株叶片上出现黄色不规则环斑，发病严重时，叶片畸形变小、整个叶片黄化，如图45所示。

图45 藿香（a）和藿香黄环斑症状（b）

七、蔷薇科

科拉丁名：Rosaceae

（四十）蔷薇属（属拉丁名：*Rosa*）

46. 月季（种拉丁名：*Rosa chinensis*）

月季又名月月红、四季红、月季红，多年生木本植物，原产于我国，主产于江苏、山东、山西、河北等地，其中江苏月季产量大、品质佳。月季全年均可采收，在花微开时采摘，阴干或低温干燥。月季生命力强，适应性好，容易繁殖，深受人们喜爱，是著名的切花品种，被誉为花中皇后，极具观赏价值，不仅在切花和盆栽中应用广泛，而且在园林绿化中也发挥着极大的作用。此外，它还具有抗菌、抗病毒、抗氧化、抑制肿瘤、增强机体免疫等药理作用，临床上被应用于妇科及心血管疾病。

国际上报道的侵染月季的病毒主要包括苹果花叶病毒（apple mosaic virus，ApMV）、苹果茎沟病毒（apple stem grooving virus，ASGV）、李属坏死环斑病毒（Prunus necrotic ringspot virus，PNRSV）、野蔷薇潜隐病毒（Rosa multiflora cryptic virus）和月季丛簇病毒（rose rosette virus），发生在美国、法国、英国、意大利、新西兰、加拿大、澳大利亚、波兰、土耳其、智利、荷兰等国家。我国报道的月季病毒有 ApMV、南芥菜花叶病毒（arabis mosaic virus）、葡萄卷叶伴随病毒 2 号（grapevine leaf roll-associated virus 2）、玫瑰黄花叶病毒（rose yellow mosaic virus，RYMV）、蓝莓褪绿环斑病毒（blackberry

图46　月季受病毒侵染的病害症状（a～b）

chlorotic ringspot virus）、月季丛簇叶相关病毒（rose leaf rosette-associated virus）、月季C病毒（rose virus C）。病毒能使月季出现黄化、斑驳、花叶、畸形及树势减弱等症状，严重时甚至造成植株死亡。编者在辽宁地区发现月季病毒病害，染病植株沿着叶脉部分出现黄化症状，严重时则整个叶片黄化（图46），病害相关病毒为RYMV。

（四十一）李属（属拉丁名：*Prunus*）

47. 山桃（种拉丁名：*Prunus davidiana*）

山桃又名苦桃、野桃、山毛桃、桃花，属小乔木，喜光、耐旱、耐寒、耐瘠薄，但不耐涝，有极强的萌蘖能力，尤其是当根部受到损伤时，可以萌发出很多枝条。由于其高效的水土保持特性，山桃成为东北地区普遍种植的观赏植物，被广泛应用于城市景观和园林绿化之中。

目前，已报道的山桃病害可分为真菌性、细菌性、缺素性3大类，其中真菌性病害是山桃的主要病害。编者于2017年在辽宁省沈阳市发现了具有黄斑驳病症的山桃病株（图47），经鉴定确定病害相关病毒为芜菁黄花叶病毒目（*Tymovirales*）*Gratylivirus*属的一种新型病毒，暂命名为Prunus yellow spot-associated virus，这是我国目前唯一一例侵染山桃的病毒报道。

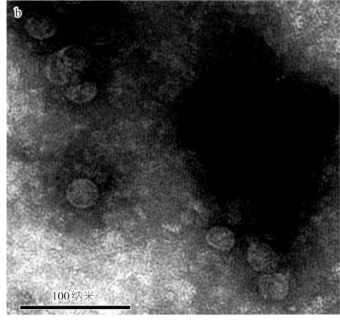

100纳米

图47 山桃受病毒侵染症状（a）及病害相关病毒形态（b）

48.杏（种拉丁名：*Prunus armeniaca*）

杏，落叶乔木，适应性强，喜光，耐寒力强，在北方地区被广泛栽植，是重要的经济果树。杏的价值不仅体现在果实的食用性上，其果核、枝叶以及杏木等也都有着重要的经济和实用价值，杏的种子和果实均可入药，同时杏树也是一种景观树。

据报道，侵染杏的病毒有20余种，主要有李矮缩病毒（prune dwarf virus，PDV）、李痘病毒（plum pox virus，PPV）、PNRSV、苹果褪绿叶斑病毒（apple chlorotic leaf spot virus，ACLSV）、樱桃绿环斑驳病毒（cherry green ring mottle virus，CGRMV）、杏假褪绿叶斑病毒（apricot pseudo-chlorotic leaf spot virus，APCLSV）、李树皮坏死茎痘相关病毒（plum bark necrosis stem pitting-associated virus，PBNSPaV）、樱桃病毒A

图48　杏受病毒侵染症状（a～b）

（cherry virus A，CVA）、樱桃叶斑驳病毒（cherry mottle leaf virus，CMLV）、亚洲李属病毒（Asian prunus virus，APV）、亚洲李属病毒1（Asian prunus virus 1，APV1）和亚洲李属病毒3（Asian prunus virus 3，APV3）等。此外，还有啤酒花矮化类病毒（hop stunt viroid，HSVd）和桃潜隐花叶类病毒（peach latent mosaic viroid，PLMVd）等类病毒可以侵染杏。杏树感染病毒后生长发育迟缓，树势衰退，严重影响杏的产量和品质，经济损失严重。编者在辽宁地区发现叶片表现出黄化症状的杏树样品，如图48所示。

（四十二）苹果属（属拉丁名：*Malus*）

49.苹果（种拉丁名：*Malus pumila*）

苹果属于落叶乔木，是中国种植面积最大、产量最高的果树树种之一，具有较高的经济价值。我国苹果栽培主要分布于陕西、山东、河南、山西、河北、甘肃、辽宁、新疆等省份，生长于山坡梯田、平原旷野以及黄土丘陵等处。

苹果以嫁接繁殖为主，很容易发生由病毒和类病毒引起的病害。截至目前，已有40多种苹果病毒被报道，其中有ApMV、ASGV、苹果潜隐球形病毒（apple latent spherical virus，ALSV）、苹果坏死花叶病毒（apple necrotic mosaic virus，ApNMV）、苹果茎痘病毒（apple stem pitting virus，ASPV）、苹果褪绿叶斑病毒（apple chlorotic leaf spot virus，ACLSV）和苹果绿皱缩相关病毒（apple green crinkle associated virus，AGCaV）等，在这些病毒中ASGV、ALSV、ASPV、ACLSV是苹果的4种潜隐性病毒，这些病毒侵染苹果树后通常不会表现出明显的症状，但会逐渐降低果实的产量和品质，造成严重的经济损失。编者在辽宁地区发现苹果花叶病害，病毒主要危害苹果叶片，因病情轻重不同，症状变化较大，主要呈现斑驳、花叶型黄色病斑，如图49所示。

图49　苹果（a）及其病毒病症状（b～d）

八、木樨科

科拉丁名：Oleaceae

（四十三）素馨属（属拉丁名：*Jasminum*）

50. 茉莉花（种拉丁名：*Jasminum sambac*）

茉莉花又名茉莉、香魂、莫利花、没丽、没利、抹厉、末莉、末利、木梨花，原产于印度，在我国南方和世界各地被广泛栽培。近年来被广泛应用于家庭摆设和庭院观赏，深受国人喜欢。茉莉作为一种具有极高观赏和经济价值的花卉，其生产、开发和综合利用前景广阔。

典型的茉莉病毒病症状为枝芽丛簇或呈扫帚状，叶片细长卷曲呈皱缩状，花畸形甚至不能开花。目前报道的茉莉病毒只有长线型病毒科（*Closteroviridae*）的茉莉A病毒（jasmine virus A，JaVA）、马铃薯Y病毒属（*Potyvirus*）的茉莉T病毒（jasmine virus T）、香石竹潜隐病毒属（*Carlavirus*）的茉莉C病毒（jasmine virus C）和番茄丛矮病毒科（*Tombusviridae*）的茉莉H病毒（jasmine virus H，JaVH）。编者在辽宁地区发现茉莉花病毒病，病株表现出黄化、环斑症状，如图50所示。

图50　茉莉花受类病毒侵染的病害症状（a～b）

（四十四）连翘属（属拉丁名：*Forsythia*）

51. 东北连翘（种拉丁名：*Forsythia mandschurica*）

东北连翘是一种优良的早春花灌木，与很多植物不同，它是先开花再长出叶子，并且花期较早。东北连翘原产于辽宁省凤凰山一带，东北三省均有栽培，在绿化美化城市方面应用广泛。其茎、叶、果实、根均具有药用价值，可以起到清热解毒、镇定消肿的作用，是药用和绿化用优质树种。其萌发力强，树冠增长较快，具有良好的水土保持作用，是国家林业和草原局推荐的退耕还林和防治水土流失的最佳经济树种。

目前，有关东北连翘的病害主要是真菌病害，仅有一例病毒病害报道。2018年5月，编者在辽宁沈阳采集到表现出黄脉和曲叶症状的东北连翘病叶（图51），通过转录组测序和RT-PCR技术确定了侵染东北连翘的病毒为β线性病毒科（*Betaflexiviridae*）香石竹潜隐病毒属（*Carlavirus*）的水蜡A病毒（ligustrum virus A，LVA），这是东北连翘感染LVA的首次报道。

图51　东北连翘（a）和东北连翘受类病毒侵染的病害症状（b～d）

（四十五）丁香属（属拉丁名：*Syringa*）

52. 暴马丁香（种拉丁名：*Syringa reticulata* subsp. *amurensis*）

暴马丁香又名暴马子、白丁香、荷花丁香，广泛分布于我国黑龙江、辽宁、吉林等地区。其树皮、树干、茎和枝条在中药中被用作祛痰和平喘药。

目前，中国已有关于丁香受TMV、丁香类番茄丛矮病毒（Syringa tombus-like virus）、丁香褪绿环斑病毒（lilac chlorotic ringspot-associated virus）危害的报道。编者在辽宁地区发现多种类型丁香病毒病害，染病植物叶片表现出黄脉、畸形针叶、斑驳褪绿、黄色环斑等多种症状（图52）。通过鉴定，编者团队初步确定丁香病害普遍与水蜡A病毒相关。随后，宋爽等在呼和浩特市和哈尔滨市表现出褪绿花叶症状的紫丁香上也鉴定到LVA病毒，可见，丁香是LVA重要的自然寄主。

图52 丁香（a）及其病毒病症状（b～g）

九、苋科

科拉丁名：Amaranthaceae

（四十六）藜属（属拉丁名：*Chenopodium*）

53. 藜（种拉丁名：*Chenopodium album*）

藜别称灰条菜、灰藋，一年生草本，高30～150厘米，其分布遍及全球温带及热带，且在我国各地均有分布。藜具有很强的抗逆性，能够在恶劣的环境中旺盛生长，多生长于荒地、路旁及山坡等地，为很难除掉的杂草。据报道，藜还具有很高的营养价值和药用价值。

目前，在欧洲和北美洲均有藜在自然条件下被马铃薯Y病毒（potato Y virus，PVY）侵染的报道。在我国，编者首次在辽宁省沈阳市发现疑似被病毒侵染的藜样品，病株叶片表现出系统性病变，叶肉退化或叶肉消失后仅存中肋，叶片僵硬，数条叶脉由叶基部延伸使叶片皱缩呈扇形（图53），最终鉴定病害相关病毒为BBWV2。

图53 藜（a）及其病毒
病症状（b～d）

（四十七）青葙属（属拉丁名：*Celosia*）

54. 鸡冠花（种拉丁名：*Celosia cristata*）

　　鸡冠花，一年生草本植物，原产于印度、美洲热带地区和非洲，现在我国南方和北方各地均有栽培，广泛分布于温暖地区。鸡冠花的花朵为穗状，大多扁平而肥厚，呈现鸡冠状，红色、紫色、黄色、橙色或红色黄色相间，具有一定的观赏性。此外，花和种子有一定的药用价值，有止血、凉血、止泻的功效。

　　目前，鸡冠花病害主要有褐斑病、褐腐病和立枯病，鲜有病毒病的报道。1991年，有一例关于鸡冠花花叶病的报道，鸡冠花被侵染前期会表现为轻花叶，后期表现为叶片卷曲。编者首次在辽宁地区发现鸡冠花病毒病，病株表现出曲叶、黄色条斑等症状，如图54所示。

图54　鸡冠花（a）及其病毒病症状（b～d）

（四十八）沙冰藜属（属拉丁名：*Bassia*）

55.地肤（种拉丁名：*Bassia scoparia*）

地肤，俗名扫帚苗（地肤变形）、扫帚菜、观音菜、孔雀松、碱地肤，一年生草本植物，全国各省份均有分布，生长于田边、路旁、荒地等处。地肤的幼苗及嫩茎叶可炒食或做馅，老株可用来做扫帚，果实（地肤子）可入药，有清热利湿，祛风止痒的功效。地肤也可用于布置花篱、花境，或数株丛植于花坛中央。

目前，未见地肤病害的相关报道。编者在辽宁地区发现地肤病毒病，病株叶片初期出现小黄点，中期出现黄化、斑驳和环斑等症状，后期植株明显矮化，如图55所示。

图55　地肤病毒病症状（a～c）

十、葡萄科

科拉丁名：Vitaceae

（四十九）葡萄属（属拉丁名：*Vitis*）

56. 葡萄（种拉丁名：*Vitis vinifera*）

葡萄，落叶木质藤本植物，广泛分布于热带、亚热带和温带地区。葡萄原产于亚洲西部，现在世界范围内广泛种植，世界各地的葡萄约95%集中分布在北半球，我国葡萄的主要产区有安徽的萧县，新疆的吐鲁番市、和田地区，山东的烟台市，河北的张家口市、昌黎县，辽宁的大连市、营口市鲅鱼圈区熊岳镇、沈阳市及河南的西平县芦庙乡、民权县、兰考县仪封镇等地。

目前，国际上已报道80多种病毒能侵染葡萄，其中在我国已报道20种葡萄病毒，分别为葡萄蚕豆萎蔫病毒（grapevine fabavirus）、葡萄扇叶病毒（grapevine fanleaf virus）、红地球葡萄病毒（grapevine redglobe virus）、西拉葡萄病毒1（grapevine syrah virus 1）、葡萄斑点病毒（grapevine fleck virus）、沙地葡萄羽脉病毒（grapevine rupestris vein feathering virus）、葡萄卷叶病毒1（Gropevine leafroll-associated virus 1，GLRaV 1）、GLRaV 2、GLRaV 3、GLRaV 7、GLRaV 13、沙地葡萄茎痘相关病毒（grapevine rupestris stem pitting-associated virus，GRSPaV）、葡萄浆果内坏死病毒（grapevine berry inner necrosis virus）、灰比诺葡萄病毒（grapevine Pinot gris virus）、GVA、葡萄病毒B（grapevine virus B）和葡萄病毒E（grapevine virus E）等。编者在辽宁地区发现葡萄扇叶型和花叶型病害：扇叶型病害主要是叶脉发育不正常、叶脉扭曲不对称、呈扇状叶；花叶型病害主要是呈现出许多形状不规则的黄色斑点或斑块，颜色浓淡不同，或呈黄色网纹或环状线纹、褪绿环状圆形或不规则形，如图56所示。

图56 葡萄（a，i）、葡萄扇叶病（b～h）和葡萄黄花叶病（i～p）症状

图56 葡萄（a，i）、葡萄扇叶病
（b～h）和葡萄黄花叶病
（i～p）症状（续）

57. 山葡萄（种拉丁名：*Vitis amurensis*）

山葡萄又名野葡萄，落叶藤本植物，原产于我国东北、华北以及朝鲜和俄罗斯远东地区，在我国黑龙江、内蒙古、吉林、辽宁、河北、山东、陕西等省份分布比较普遍。山葡萄是葡萄属中抗寒能力最强的种类，尤其是东北地区的群体。它抗逆性强、酒质风味独特，是适合在我国寒冷地区栽培的优良酿酒葡萄树种。果实可生食或酿酒，酒糟可制醋和作染料，种子可榨油，叶和酿酒后的酒脚可提取酒石酸。

目前，有关山葡萄的病害报道主要有霜霉病和灰霉病，未见病毒病害的相关报道。编者在辽宁地区发现山葡萄花叶型病害，病株叶片上出现许多形状不规则的黄色斑点或斑块，后期则整个叶片出现黄褐色干枯、卷曲，如图57所示。

图57　山葡萄（a～b）及其黄花叶病症状（c～f）

（五十）地锦属（属拉丁名：*Parthenocissus*）

58. 五叶地锦（种拉丁名：*Parthenocissus quinquefolia*）

五叶地锦又名爬山虎、爬墙虎，原产于北美洲，我国东北、华北地区为主要引种栽培区域。五叶地锦是我国各地主要的垂直绿化树种之一，是绿化墙面、廊亭、山石或老树干的好材料，也可做地被植物。五叶地锦的叶片在秋季会变成红色或黄色，鲜艳夺目，深受人们喜爱。五叶地锦不仅具有观赏价值，还具有一定的药用价值，其根和藤茎可入药，能起到活血散瘀、通经解毒的功效。

编者在辽宁地区发现五叶地锦病毒病，病叶叶缘先出现畸形症状，随后叶肉部分严重退化，导致叶片变小扭曲呈现细条形叶，如图58所示。

图58　五叶地锦（a）及其病毒病症状（b～d）

十一、忍冬科

科拉丁名：Caprifoliaceae

（五十一）锦带花属（属拉丁名：*Weigela*）

59. 锦带花（种拉丁名：*Weigela florida*）

锦带花俗名旱锦带花、海仙、锦带、早锦带花，落叶灌木，广泛分布于我国的东北地区、华北地区以及山西和江苏北部等地。因其花朵呈漏斗形且颜色种类众多，被认为是美化城市环境的优良材料。锦带花可用于清热、凉血、解毒、活血、止痛、抑菌以及抗流感病毒等。除观赏价值和药用价值外，锦带花还可净化空气，提高空气质量。

目前，已报道的可侵染锦带花的病毒仅有3种，分别为凤仙花坏死斑病毒（impatiens necrotic spot orthotospovirus，INSV）、TSWV和TRV，病毒侵染的锦带花会出现褪绿病斑、褪绿线状条纹和坏死等病症。编者在辽宁地区发现锦带花病毒病，病株早期出现零星白化斑点，严重时则整个叶片白化，如图59所示。

图59 锦带花（a）和锦带花病毒病症状（b）

（五十二）忍冬属（属拉丁名：*Lonicera*）

60.金银忍冬（种拉丁名：*Lonicera maackii*）

金银忍冬俗称金银木、王八骨头，为落叶灌木，主要分布于我国的东北、华北、西北地区，生于林缘溪流旁和林下。金银忍冬果成熟时呈暗红色，近圆形，特别醒目，是我国北方城市和乡村珍贵的绿化观赏树种。此外，其叶片有解热、增强免疫力及抑菌作用，幼叶及花可做茶的代用品，根有杀菌截疟作用。

目前，有关金银忍冬的病害报道主要是白粉病，未见病毒病害的报道。编者在辽宁地区发现金银忍冬曲叶病，发病初期叶片轻微皱缩，后期叶片向上卷曲并逐渐加重，严重时则叶片扭曲畸形，如图60所示。

图60　金银忍冬（a～b）和金银忍冬病毒病症状（c～d）

十二、荚蒾科

科拉丁名：Viburnaceae

（五十三）荚蒾属（属拉丁名：*Viburnum*）

61. 鸡树条（种拉丁名：*Viburnum opulus* subsp. *calvescens*）

鸡树条又名老鸹眼、天目琼花、鸡树条荚蒾，落叶灌木植物，分布于黑龙江、吉林、辽宁、河北北部、山西、陕西南部、甘肃南部、河南西部、山东、安徽南部和西部、浙江西北部、江西、湖北和四川，生于溪谷边疏林下或灌丛中。鸡树条耐寒性强，根系发达，移植容易成活，是适宜在北方园林种植的优良观赏树种。它不仅观赏价值极高，而且对治疗关节酸痛、跌打挫伤、疮疖、疥癣等亦有效果。

目前，已报道的鸡树条的常见病害有叶斑病、叶枯病等，常见虫害有叶蝉、蚜虫、红蜘蛛等，但尚未见鸡树条相关病毒病害的报道。编者在辽宁省沈阳市发现鸡树条病毒病害，病株叶肉部分出现黄化症状，如图61所示。

图61 鸡树条（a）和鸡树条病毒病症状（b）

（五十四）接骨木属（属拉丁名：*Sambucus*）

62. 接骨木（种拉丁名：*Sambucus williamsii*）

接骨木又名九节风、续骨草、木蒴藋、东北接骨木，落叶灌木或小乔木，我国黑龙江、吉林、辽宁、河北、山西、陕西、甘肃等地均有分布，多生于山坡、灌丛、沟边、路旁、宅边等地。接骨木对于生长环境适应性极强，喜光又耐阴，耐寒又耐旱，根系发达，是北方地区常见的观赏植物。接骨木还具有独特的药用价值，我国少数民族常将其作为药材入药。接骨木的枝、叶、果实均有一定的药用价值，有些地区还会将其作为菜品进行食用。

目前，在我国未见有关接骨木病毒病害的相关报道，仅在国外有两例有关西洋接骨木（*Sambucus nigra*）受病毒侵染的报道。2013年，E. Kalinowska等人首次报道了蓝莓焦枯病毒（blueberry scorch virus）侵染波兰的西洋接骨木；2020年，Dana Šafářová等人在捷克西洋接骨木病株的叶片上检测到接骨木病毒S（sambucus virus S）和接骨木病毒1（sambucus virus 1）。编者在辽宁省沈阳市发现接骨木病毒病害，病株顶端叶片首先出现曲叶、皱缩症状，随后整个枝条均出现症状，如图62所示。

图62 接骨木（a）和接骨木病毒病症状（b）

十三、大麻科

科拉丁名：Cannabaceae

（五十五）葎草属（属拉丁名：*Humulus*）

63.葎草（种拉丁名：*Humulus scandens*）

葎草别名拉拉藤（秧、蔓）、五爪龙、勒草、锯子草、降龙草或牵牛藤，一年生或多年生缠绕草本，茎、枝、叶柄均具有倒钩刺，在我国南方和北方各省份（除新疆、青海外）均有分布，常生长于沟边、荒地、废墟、林缘。本草可作药用，茎皮纤维可作造纸原料，种子油可制肥皂，果穗可代啤酒花用。

2009年，青玲等对重庆市外来有害生物入侵进行调查时，发现重庆部分地区的葎草呈现花叶和黄化等植物病毒病的典型症状，通过血清检测确定CMV、ToMV、TuMV、BBWV2、TMV、PVY和PVX可以侵染葎草，并且多种病毒复合侵染现象严重。2023年，编者在辽宁省沈阳市观察到呈现黄色斑点的葎草（图63），通过转录组测序和RT-PCR技术从病叶中鉴定出一种新型弹状病毒，暂定名为葎草三分段弹状病毒1（Humulus trirhavirus 1，HuTRV1）。

图63 葎草（a）和葎草病毒病症状（b）

（五十六）朴属（属拉丁名：*Celtis*）

64.黑弹树（种拉丁名：*Celtis bungeana*）

黑弹树别名小叶朴、黑弹朴，落叶乔木，在我国广泛分布，分布范围为辽宁南部和华北、华东、华中地区，西达云南高原的东南部和青藏高原东部，多生长于路旁、山坡、灌丛或林边。黑弹树树形美观，树冠圆满宽广，绿荫浓郁，是城乡绿化的良好树种，也是河岸防风固堤的良好树种。黑弹树木材坚硬，可供工业用材；茎皮为造纸和人造棉原料；果实可榨油作润滑油；树皮、根皮可入药，能治腰痛等病。

目前，未见黑弹树病害的相关报道。编者在辽宁地区发现黑弹树病毒病害，发病初期叶片出现黄色斑点，中后期叶片表现出大面积黄化和枯斑症状，严重影响生长，如图64所示。

图64　黑弹树（a）和黑弹树病毒病（b）症状

十四、大戟科

科拉丁名：Enphorbiaceae

（五十七）铁苋菜属（属拉丁名：*Acalypha*）

65. 铁苋菜（种拉丁名：*Acalypha australis*）

铁苋菜又称蛤蜊花、海蚌含珠、蚌壳草，一年生或多年生草本，喜湿润，在高山和平坝的一般土壤都可以生长，分布于热带和亚热带地区，主产于长江流域以南各地，在我国较为常见。铁苋菜全草可入药，具有清热利湿、止血收敛之功效。

目前，已知铁苋菜上发生的病毒病害主要与双生病毒有关。例如：季英华等在2012—2014年间采集杂草样品，发现在铁苋菜上有TYLCV的存在；汤亚飞在广西铁苋菜上发现烟粉虱传双生病毒PaLCuCNV，首次报道了铁苋菜是PaLCuCNV的新寄主。编者在辽宁地区发现出现黄脉症状的铁苋菜样品，染病植株首先从新叶显现出症状，主要表现是沿着叶脉部分出现黄化症状，严重时则整个叶片黄化（图65）。

图65　铁苋菜受病毒侵染的病害症状（a～b）

（五十八）麻风树属（属拉丁名：*Jatropha*）

66.佛肚树（种拉丁名：*Jatropha podagrica*）

　　佛肚树又名珊瑚花、玉珊瑚树等，直立灌木，多年生常绿植物，原产于中美洲或南美洲热带地区，现在我国许多省份作为观赏植物栽培，亦被花卉爱好者栽培。佛肚树全株皆可入药，具有清热解毒、消肿止痛的功效，可治疗毒蛇咬伤，其根用于治疗面黄肌瘦、疲乏无力、不思饮食、尿急、尿痛等，研究表明其含有丰富的萜类成分。

　　目前，有关佛肚树病害的报道主要是流胶病，未见病毒病害相关报道。编者在辽宁地区发现佛肚树病毒病害，病株叶片呈现黄化症状，如图66所示。

图66　佛肚树（a）及其受病毒侵染的病害症状（b）

十五、蓼科

科拉丁名：**Polygonaceae**

（五十九）蓼属（属拉丁名：*Persicaria*）

67. 扛板归（种拉丁名：*Persicaria perfoliata*）

扛板归别名刺犁头、老虎利、老虎刺、犁尖草、三角盐酸、贯叶蓼等，一年生草本，分布于朝鲜、日本、印度尼西亚、菲律宾、印度、俄罗斯（西伯利亚地区）和中国，生长于田边、路旁、山谷湿地。扛板归茎攀援，多分枝，具纵棱，沿棱具稀疏的倒生皮刺。它主要靠种子繁殖传播扩散，生长迅速，结实量高，传播快。扛板归集食、饲、药用于一身，不仅可以采集加工成可口的菜肴，也是优质畜禽饲用植物，正常食用、喂饲有利于人畜健康，还具有较高的药用价值，具有清热解毒、利尿消肿、止咳之功效。

目前，仅有扛板归真菌性叶斑病的报道，但未见病毒病害报道。编者在福建地区发现扛板归病毒病，病株叶片沿着叶脉呈现出不同程度黄化症状，如图67所示。

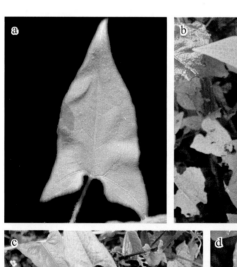

图67 扛板归（a）及其受病毒侵染的病害症状（b～d）

（六十）藤蓼属（属拉丁名：*Fallopia*）

68. 卷茎蓼（种拉丁名：*Fallopia convolvulus*）

卷茎蓼别名卷旋蓼、蔓首乌，一年生缠绕草本，生长在山坡草地、山谷灌丛、沟边湿地。

卷茎蓼现已是世界性分布的旱地作物主要危害性杂草之一，常危害麦类、豆类、棉花等20种作物，主要在我国东北与西北地区发生而造成严重危害。

目前，未见卷茎蓼病毒病害的相关报道。编者在辽宁地区发现卷茎蓼病毒病，病株叶片早期出现零星黄色斑点，严重时则整个叶片黄化、皱缩、畸形，如图68所示。高通量测序初步显示病叶中可能含有番茄斑萎病毒科（*Tospoviridae*）正番茄斑萎病毒属（*Orthotospovirus*）病毒。

图68　卷茎蓼（a）和卷茎蓼受类病毒侵染的病害症状（b～d）

十六、卫矛科

科拉丁名：**Celastraceae**

（六十一）卫矛属（属拉丁名：*Euonymus*）

69. 桃叶卫矛（种拉丁名：*Euonymus maackii*）

桃叶卫矛别名白杜、丝绵木、明开夜合、丝棉木、华北卫矛，落叶小乔木，它的叶形类似于桃叶，因此被称为桃叶卫矛。花萼裂片半圆形，花瓣长圆状倒卵形，蒴果倒圆心形、粉红色，种子淡黄色，有红色假种皮，上端有小圆口，稍露出种子，是重要的园艺树种，广泛分布于全国各省份。据报道其种子、根、树皮等具有丰富的经济及药用价值。

目前，编者在辽宁地区发现两种桃叶卫矛病毒病，即桃叶卫矛黄脉病和桃叶卫矛黄斑病（图69）。黄脉病病株首先从叶尖处沿着叶脉黄化，后逐渐扩散到整个叶片；黄斑病病株初期主要是叶肉组织部分呈现不规则黄斑，后整个叶片黄化。编者团队确定病害相关病毒分别为卫矛黄脉伴随病毒（Euonymus yellow vein associated virus，EuYVAV）和卫矛黄斑伴随病毒（Euonymus yellow mosaic associated virus，EuYMaV）。

图69　桃叶卫矛病毒病
症状（a～d）

（六十二）南蛇藤属（属拉丁名：*Celastrus*）

70. 南蛇藤（种拉丁名：*Celastrus orbiculatus*）

南蛇藤又名过山风、黄藤、苦树皮等，藤状灌木，在我国有着较为广泛的分布，主要在我国东北、华北、西北、华东等地区，常见于丘陵、山沟及山坡灌丛之中。南蛇藤植株姿态优美，藤茎壮观，具有较高的观赏价值。此外，南蛇藤还具有较高的药用价值，以根、藤、叶及果入药，具有祛风除湿、通经止痛、活血解毒等功效，可治疗小儿惊风、跌打扭伤、蛇虫咬伤。南蛇藤也是有名的纤维植物，树皮可制优质纤维，拉力强，还可作为纺织和制造高级纸张的原料；种子适合发展生物质能源。

目前，未见南蛇藤病毒病报道。编者在辽宁地区发现一种南蛇藤病毒病，病株叶肉组织逐渐失绿变黄，但叶脉仍呈现绿色，叶缘向上或向下卷曲，后期叶片畸形，如图70所示。高通量测序初步显示病叶中含有花椰菜花叶病毒科（*Caulimoviridae*）的病毒。

图70　南蛇藤（a～b）及其病毒病症状（c～d）

十七、伞形科

科拉丁名：Apiaceae

（六十三）芹属（属拉丁名：*Apium*）

71. 旱芹（种拉丁名：*Apium graveolens*）

旱芹俗名芹菜、药芹，二年生或多年生草本，含有多种营养成分，具有极高的药用价值。旱芹是我国重要的蔬菜之一，在我国南方和北方各省份广泛种植，常年种植面积约60万公顷，年产量约2 500万吨，生产量和消费量均较大。

目前，已报道的侵染芹菜的病毒有CMV、TMV、BBWV、AMV、PSV、TuMV、TSWV、欧洲防风花叶病毒（parsnip mosaic virus）、南芥菜花叶病毒（Arabis mosaic virus）、草莓潜环斑病毒（strawberry latent ringspot virus）、番茄不孕病毒（tomato aspermy virus，TAV）和芹菜花叶病毒（celery mosaic virus）。病毒侵染导致植株表现出明脉和黄绿相间的斑驳，叶柄缩短，叶片畸形，甚至出现黄色病斑或褐色枯死斑，最后全株黄化。编者在辽宁地区发现旱芹病毒病，病株表现出叶片黄化、叶柄缩短、叶片扭曲畸形等症状，如图71所示。

图71　旱芹病毒病
症状（a～d）

十八、无患子科

科拉丁名：Sapindaceae

（六十四）槭属（属拉丁名：*Acer*）

72. 梣叶槭（种拉丁名：*Acer negundo*）

梣叶槭又名糖槭、白蜡槭、美国槭、复叶槭、羽叶槭，落叶乔木，在我国辽宁、内蒙古、河北、山东、河南、陕西、甘肃、新疆等多省份均有分布。它适应性强、耐寒、耐旱、耐烟尘，生长速度较快，树冠广阔，树形优美，观赏性强，是东北地区常见的一种园林、道路绿化树种及观赏植物。

目前，未见梣叶槭病害的相关报道。编者在辽宁地区发现梣叶槭病毒病，病株早期呈现零星不规则黄色斑点，后期整个叶片黄化、畸形（图72）。

图72 梣叶槭（a）及其病毒病症状（b～d）

73. 元宝槭（种拉丁名：*Acer truncatum*）

元宝槭，隶属于槭属，别名元宝树、平基槭、元枫香树，是我国特有的树种。元宝槭为温带阳性树种，喜阳光充足，怕高温暴晒、水涝，常见于海拔400～1 000米的疏林中，分布于我国吉林、辽宁、内蒙古、河北、山西、山东、江苏北部、河南、陕西及甘肃等地。其种子可榨油，具有一定的营养价值。

目前，未见有关元宝槭病毒病害的报道。编者在辽宁地区发现元宝槭病毒病，病株早期叶肉部分出现褪绿症状，之后叶片出现零星不规则黄色斑点，后期整个叶片黄化，呈畸形鸡爪状（图73）。

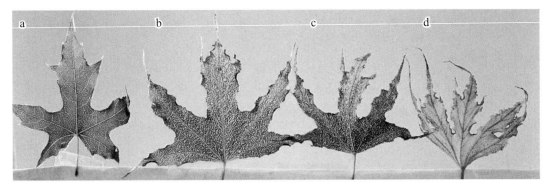

图73 元宝槭（a）及其病毒病症状（b～d）

74. 三花槭（种拉丁名：*Acer triflorum*）

三花槭俗名伞花槭、拧筋槭。喜光，耐寒，落叶乔木，主要分布于我国东北三省，在日本、朝鲜、蒙古国和俄罗斯也有较为广泛的分布。三花槭叶片在秋季可由绿色变为紫红色，鲜艳夺目，为中国东北地区营造秋季色叶林的优选树种，在现代城市园林绿化中具有极大的发展潜力。此外，三花槭还是优良的蜜源植物，具有重要的观赏价值和经济价值。

目前，未见三花槭病毒病害的报道。编者在辽宁地区发现三花槭病毒病，病株叶片呈现系统性黄斑驳症状，如图74所示。通过高通量测序初步确定了病害相关病毒为长线形病毒科（*Closteroviridae*）成员。

图74 三花槭（a）和三花槭病毒病症状（b）

十九、漆树科

科拉丁名：**Anacardiaceae**

（六十五）黄栌属（属拉丁名：*Cotinus*）

75. 黄栌（种拉丁名：*Cotinus coggygria*）

黄栌俗称红叶、路木炸、浓茂树，落叶小乔木或灌木，为我国常见的红叶树种，在园林造景中常以丛植的方式被配置在草坪或山坡上，也可作为荒山造林的先锋树种。黄栌叶片在秋季会逐渐变为鲜艳夺目的红色，具有很强的观赏性，北京著名的香山红叶便是由该树种形成。黄栌在园林绿化及造林绿化中应用广泛，在公园绿地、居住区绿地、生态廊道等地种植较多，既可孤植进行点缀，也可与其他观赏树木搭配种植，还可进行大面积群植形成黄栌林，可营造出良好的秋季景观效果。

目前，有关黄栌病虫害的报道主要是白粉病、枯萎病、蚜虫、缀叶丛螟，未见黄栌病毒病相关报道。编者在辽宁地区发现黄栌病毒病，叶片畸形变小呈扇形，不仅影响树木的正常生长，还影响叶片的景观效果（图75）。

图75 黄栌（a）和黄栌病毒病症状（b～c）

（六十六）盐麸木属（属拉丁名：*Rhus*）

76. 火炬树（种拉丁名：*Rhus typhina*）

火炬树别名鹿角漆、火炬漆、加拿大盐肤木，落叶灌木或小乔木，原产于北美洲、我国于1959年引入。火炬树具有适应性强、秋叶红艳、果序形似火炬等特点，因此被用于园林中丛植以赏红叶和红果。火炬树是华北、西北等地主要的美化树种，也被用于干旱瘠薄山区的造林绿化、护坡固堤及封滩固沙。

目前，有关火炬树病虫害的报道主要是枯枝病、核桃缀叶螟和大造桥虫，尚未见火炬树病毒病相关报道。编者在辽宁地区发现火炬树病毒病，叶片早期在主叶脉附近出现不规则黄斑，后逐渐扩大致使整个叶片严重黄化，影响树木的生长（图76）。

图76　火炬树（a）和火炬树病毒病症状（b）

二十、番木瓜科

科拉丁名：Caricaceae

（六十七）番木瓜属（属拉丁名：*Carica*）

77. 番木瓜（种拉丁名：*Carica papaya*）

番木瓜俗名树冬瓜、满山抛、番瓜、万寿果、木瓜，常绿软木质小乔木，原产于美洲热带地区，广泛种植于世界热带和较温暖的亚热带地区，在我国福建南部、台湾、广东、广西、云南南部等地已被广泛栽培。番木瓜浆果肉质，成熟时呈橙黄或黄色，果肉柔软多汁，味香甜，营养丰富，具有很高的经济价值。

番木瓜容易受病毒侵袭，造成番木瓜产量和品质严重受损。目前，已报道的番木瓜病毒病主要有 PRSV、PaMV、番木瓜畸形花叶病毒（papaya leaf-distortion mosaic virus）、番木瓜顶端坏死病毒（papaya apical necrosis virus）、番木瓜凋零病毒（papaya droopy necrosis virus）和番木瓜致死黄化病毒（papaya lethal yellowing virus）。其中，PRSV 发病率高、传播快、危害重，成为番木瓜的一种毁灭性病害。编者在福建地区观察到番木瓜叶片畸形病，发病初期叶片出现黄色斑驳和褪绿，中期叶片畸形变窄，严重时整个叶片呈鸡爪状甚至死亡，产量下降（图77）。

图77 番木瓜（a）和番木瓜病毒病症状（b～f）

二十一、牻牛儿苗科

科拉丁名：Geraniaceae

（六十八）天竺葵属（属拉丁名：*Pelargonium*）

78. 天竺葵（种拉丁名：*Pelargonium hortorum*）

天竺葵别名臭海棠、洋绣球、入腊红、石腊红、日烂红、洋葵等，多年生草本，原产于非洲南部，在世界各地均有栽培，特别在欧洲和北美洲的一些国家和地区被大面积种植。

天竺葵花瓣呈红色、橙红、粉红或白色，其花色艳丽、花期长、花量大且适应性强，具有较高的观赏价值，在我国各地被广泛用于花坛布置、景点摆设和庭院美化等。此外，天竺葵还具有一定的药用价值，对人体疲劳、神经衰弱等症状有较好治疗作用。

由于天竺葵大多采用营养繁殖，极易引起病毒病的流行，所以天竺葵上的病毒病也比较严重。据报道，在天竺葵上已鉴定到23种病毒，病毒侵染天竺葵导致其叶片出现褪绿、环斑、坏死枯斑等症状，且植株生长缓慢、品质下降，严重影响其观赏性。编者在辽宁沈阳地区观察到表现出黄化、皱缩等病症的天竺葵（图78），编者团队在病叶中检测到天竺葵碎花病毒（Pelargonium flower break virus）。

图78 天竺葵（a）和天竺葵黄化病症状（b）

（六十九）老鹳草属（属拉丁名：*Geranium*）

79. 老鹳草（种拉丁名：*Geranium wilfordii*）

老鹳草为多年生草本，分布于东北、华北、华东、华中、陕西、甘肃和四川等地，常生长在低山林下、草甸处。老鹳草是我国传统中草药，有祛风活血、清热解毒等作用，还有止泻止痢的功效。现代药理学研究表明，老鹳草煎剂及提取物具有抗菌、抗病毒、抗氧化、保护肝肾、抗炎镇痛、抗肿瘤、降低血糖等生物活性。

目前，有关老鹳草病害的报道仅有一例老鹳草斑点病，尚无病毒病相关报道。编者在辽宁地区观察到表现出叶片白化症状的老鹳草，如图79所示。

图79　老鹳草（a）和老鹳草病毒病症状（b）

二十二、商陆科

科拉丁名：**Phytolaccaceae**

（七十）商陆属（属拉丁名：*Phytolacca*）

80. 垂序商陆（种拉丁名：*Phytolacca americana*）

  垂序商陆，多年生宿根草本植物，多系野生，是一种生物量大、生长快、适应性强的锰超积累植物，味苦，性寒，有毒，全草用药，亦可做农药。垂序商陆原产于北美洲地区，作为药用植物和观赏植物引入我国，于1935年在我国浙江省杭州市首次被发现。近年来，经过长期的适应生长，垂序商陆已在我国多省份逸生，成为果园、菜地的有害杂草，侵入天然生态系统并显现出入侵性，已被列入中国外来入侵物种名单。此外，据文献报道，垂序商陆还具有抗病毒和抑菌作用，对环境中的重金属也有一定富集效果。

  目前商陆的病害大多是由细菌引起的，未见商陆病毒病害相关报道。编者在野外病害调查时观察到垂序商陆黄斑驳病，染病植物主要呈现叶缘黄化和黄斑驳两种病症，如图80所示。

图80 垂序商陆（a～d）及垂序商陆花叶病症状（e～h）

二十三、夹竹桃科

科拉丁名：Apocynaceae

（七十一）鹅绒藤属（属拉丁名：*Cynanchum*）

81.萝藦（种拉丁名：*Cynanchum rostellatum*）

　　萝藦俗名老鸹瓢、芄兰、斫合子、白环藤、羊婆奶、婆婆针落线包、羊角、天浆壳，是多年生的藤蔓缠绕型草本植物，广泛分布于我国的东北、华北、华东等地区，生长于农田、路边、山脚、河边、路旁灌木丛中。萝藦不仅具有极高的药用价值，还具有一定的观赏价值，也可作为新型天然纺织纤维原料。

　　目前，已有多种病毒自然侵染萝藦的报道。2019年，Yang等首次报道了在我国浙江地区萝藦上检测到CMV；2021年，编者报道了在辽宁地区发现一种新型萝藦病害，萝藦受病毒侵染后叶片会出现深绿浅绿相间、卷曲畸形、叶肉黄斑等症状（图81），病害相关病毒为一种新型花椰菜花叶病毒属病毒（*Caulimovirus*）——萝藦黄斑驳相关病毒（Metaplexis yellow mottle associated virus，MeYMaV）；2023年，Tokuda等报道了在日本地区萝藦上发现一种新型马铃薯叶卷病毒属（*Polerovirus*）病毒——萝藦黄斑驳伴随病毒（cynanchum yellow mottle-associated virus）；2024年，编者团队报道了在萝藦植株上检测到CGMMV，这是CGMMV侵染萝藦的首次报道。

图81　萝藦（a）及其病毒病症状（b～d）

二十四、鸭跖草科

科拉丁名：Commelinaceae

（七十二）鸭跖草属（属拉丁名：*Commelina*）

82. 鸭跖草（种拉丁名：*Commelina communis*）

鸭跖草别名碧竹子、翠蝴蝶、淡竹叶等，一年生杂草，其叶形状似鸭掌，因此被称为鸭跖草。鸭跖草在我国的云南、四川、甘肃以东的南方和北方的各省份都有分布，越南、朝鲜、日本、俄罗斯远东地区以及北美洲也有分布。鸭跖草适应性强，耐旱性强，常生长于田间、路旁、水池边及林下阴湿处等地。鸭跖草具有抑菌、抗炎等作用，还可以食用，也具有较高的观赏价值。

目前，据报道在美国鸭跖草上发现雀麦花叶病毒（brome mosaic virus）和CMV，在我国仅有辽宁地区鸭跖草受BBWV2侵染的报道。编者在辽宁地区观察到鸭跖草黄斑驳病害（图82），通过鉴定确定病害也与BBWV2有关。

图82 鸭跖草（a）及鸭跖草花叶病症状（b～d）

二十五、旋花科

科拉丁名：Convolvulaceae

（七十三）番薯属（属拉丁名：*Ipomoea*）

83. 番薯（种拉丁名：*Ipomoea batatas*）

番薯又名红薯、甘薯、甜薯等，是一种块根植物，原产于南美洲、大安的列斯群岛和小安的列斯群岛，现在全球热带以及亚热带地区广泛种植。番薯产量高、用途广、适应性强，因此在我国各省份被广泛栽培，尤其是山东省、四川省、河南省和广东省栽培较多，是我国重要的粮食作物，种植面积居世界首位。

目前，已报道能侵染番薯的病毒有30余种，主要包括甘薯褪绿矮化病毒（sweet potato chlorotic stunt virus）、甘薯羽状斑驳病毒（sweet potato feathery mottle virus，SPFMV）、甘薯曲叶病毒（sweet potato leaf curl virus，SPLCV）、甘薯潜隐病毒（sweet potato latent virus）、甘薯G病毒（sweet potato virus G）、甘薯C病毒（sweet potato virus C）、甘薯病毒2（sweet potato virus 2）、甘薯无症病毒1（sweet potato symptomless virus 1）、甘薯明脉病毒（sweet potato vein clearing virus）、甘薯轻型斑点病毒（sweet potato mild speckling virus）、甘薯轻型斑驳病毒（sweet potato mild mottle virus）、甘薯褪绿斑病毒（sweet potato chlorotic fleck virus）、韩国甘薯金脉病毒（sweet potato golden Korea vein virus）、甘薯杆状病毒（sweet potato badnavirus）和PVY等。甘薯病毒侵染使甘薯产量降低，单种或少量的病毒侵染甘薯产生的病症较轻，多病毒复合侵染时病毒危害会加重。编者在辽宁地区观察到番薯病毒病，病株表现出褪绿斑驳、曲叶症状（图83）。

图83 番薯病毒病症状（a～d）

84. 圆叶牵牛（种拉丁名：*Ipomoea purpurea*）

圆叶牵牛别名紫花牵牛、打碗花、连簪簪、牵牛花、心叶牵牛、重瓣圆叶牵牛，一年生缠绕草本植物，叶片呈圆心形或宽卵状心形。圆叶牵牛原产于美洲热带地区，现在我国大部分地区均有分布，常生长于田边、路边、宅旁或山谷林内等地。圆叶牵牛对环境有着很强的适应性，花朵颜色丰富，花期为5—10月，是垂直绿化的优良材料。

目前，关于圆叶牵牛病毒病的报道有：早在1993年，Colinet等首次报道了在中国圆叶牵牛上鉴定到SPFMV；编者于2009年报道了在福建表现出黄花叶、叶片皱缩等症状的病叶上检测到SPLCV；2013年，Geetanjali等报道了在印度圆叶牵牛上鉴定到SPLCV两种不同的卫星分子betasatellites；2014年，Zhang等在我国河北省表现出黄脉曲叶症状的圆叶牵牛上检测到甘薯乔治亚曲叶病毒（sweet potato leaf curl Georgia virus）；2021年，Zhao等报道了在圆叶牵牛上鉴定到一个弹状病毒科巨脉病毒属的新型病毒——圆叶牵牛巨脉病毒；随后，编者在辽宁地区观察到一种新型圆叶牵牛病毒病害，病株叶片表现出不同程度的疱疹和曲叶症状，如图84所示。

图84　圆叶牵牛病毒病症状（a～d）

二十六、十字花科

科拉丁名：**Brassicaceae**

（七十四）萝卜属（属拉丁名：*Raphanus*）

85. 萝卜（种拉丁名：*Raphanus sativus*）

萝卜别称菜头、芦菔、莱菔、白萝卜、水萝卜等，二年或一年生草本植物，原产于亚洲温带地区，目前，作为一种世界性蔬菜在世界各地被广泛种植。其直根肉质，长圆形、球形或圆锥形，外皮为绿色、白色或红色，可作蔬菜食用，而种子、鲜根、枯根、叶则可入药。

目前，在萝卜上发生的植物病毒有多种，主要有TuMV和CMV，其他还有PVY、PVX、ToMV、TMV、CGMMV、BBWV、BBWV2、GLRaV、GVA、芸薹黄化病毒（Brassica yellows virus）、萝卜花叶病毒（radish mosaic virus）、萝卜隐状病毒3（Raphanus sativus cryptic virus 3）、萝卜黄病毒1（Raphanus sativus chrysovirus 1）、油菜花叶病毒（youcai mosaic virus）、甘蓝RNA病毒1（Brassica napus RNA virus 1）和萝卜黄边病毒（Radish yellow edge virus）、西部甜菜黄病毒（beet western yellows virus）等，被病毒侵染的萝卜叶片黄化、畸形、皱缩，植株矮化，甚至果实停止发育。编者在辽宁地区观察到萝卜病毒病，病株叶片表现出黄化、疱斑、矮化症状，果实变小、畸形（图85）。编者团队通过透射电镜法观察以及RT-PCR扩增技术确定病害相关病毒为TuMV。

图85 萝卜（a）及其病毒病症状（b～d）

二十七、苦木科

科拉丁名：**Simaroubaceae**

（七十五）臭椿属（属拉丁名：*Ailanthus*）

86. 臭椿（种拉丁名：*Ailanthus altissima*）

臭椿别名樗、皮黑樗、黑皮樗、椿树、黑皮椿树等，落叶乔木，是原产于我国东北、中部及台湾地区的常见速生材，在地理分布上以黄河流域为中心遍及全国。臭椿属于喜阳植物，对于生长环境有一定的要求，其适应性极强，具有一定的抗寒性和抗旱性，即使在较为干旱的地带也能迅速生长，具有很高的环保价值和观赏价值。

目前，臭椿病毒病相关报道以花叶症状为主，病害相关病毒主要为TMV、CMV、WMV和SMV。编者在辽宁地区观察到臭椿病毒病，病株叶片表现出黄斑驳、小叶、皱缩畸形等症状（图86），病害相关病毒为WMV、臭椿类蓝莓坏死环斑病毒属病毒（Ailanthus bluner-like virus）和臭椿皱缩相关病毒（Ailanthus crinkle leaf-associated emaravirus）。

图86 臭椿（a）及其病毒病症状（b～d）

二十八、美人蕉科

科拉丁名：**Cannaceae**

（七十六）美人蕉属（属拉丁名：*Canna*）

87. 美人蕉（种拉丁名：*Canna indica*）

美人蕉又名蕉芋，多年生宿根类草本花卉，其花朵大，颜色艳丽，花期较长，在我国南方和北方各地常作为园林绿化植物被广泛种植。此外，美人蕉还具有很好的污水净化效果和较高的药用价值。

目前，已报道的可侵染美人蕉的病毒有CMV、ToAV、BYMV、甘蔗花叶病毒（sugarcane mosaic virus）、美人蕉黄条病毒（Canna yellow streak virus）、美人蕉黄斑驳病毒（Canna yellow mottle virus）和美人蕉黄斑驳相关病毒（Canna yellow mottle associated virus）。编者在进行病害调查时发现，美人蕉病毒病是辽宁地区美人蕉的重要病害，病株出现花叶、坏死、褪绿、条纹、植株矮化等症状（图87），严重影响美人蕉的商品属性和观赏价值。

图87　美人蕉病毒病
　　　症状（a～d）

二十九、凤仙花科

科拉丁名：**Balsaminaceae**

（七十七）凤仙花属（属拉丁名：*Impatiens*）

88. 凤仙花（种拉丁名：*Impatiens balsamina*）

　　凤仙花，一年生草本花卉，种类多样，花色丰富艳丽，花期较长，是我国各地庭院广泛栽培的观赏花卉。据统计，我国目前已知的凤仙花属植物共有352种，主要分布于我国西南地区，以云南、四川、贵州、广西、西藏等几个省份为多。凤仙花本身带有一种天然的红棕色色素，可作为天然色素加以利用，人们常将凤仙花瓣加明矾后捣碎来染指甲。凤仙花还具有祛风除湿、活血化瘀、止痛的作用。

　　目前，已报道能侵染凤仙花的病毒有TSWV、CMV、TMV、ToMV、凤仙花坏死斑点病毒（impatiens necrotic spot virus，INSV）、长叶车前花叶病毒（ribgrass mosaic virus，RMV）等，病毒感染后植株会产生同心环斑，叶片皱缩畸形，出现坏死斑，花器破裂，叶片及茎上会有棕紫色斑点等，严重时会造成植株矮化，枯死，是花卉生产中最难解决的问题之一。编者在辽宁地区观察到凤仙花病毒病害，叶片皱缩、变小（图88），病叶中存在大小约为10纳米×320纳米的病毒粒子。通过转录组测序和RT-PCR技术证实存在一种植物杆状病毒科病毒，将其命名为凤仙类烟草皱缩病毒（Impatiens tobamo-like virus，ITLV）。

图88　凤仙花（a）及其病毒病症状（b～d）

三十、猕猴桃科

科拉丁名：Actinidiaceae

（七十八）猕猴桃属（属拉丁名：*Actinidia*）

89. 软枣猕猴桃（种拉丁名：*Actinidia arguta*）

软枣猕猴桃俗名软枣子、紫果猕猴桃、心叶猕猴桃，大型落叶藤本植物，主产于我国东北地区，既可作为观赏树种，又可作为果树。软枣猕猴桃富含维生素C，被誉为果中"VC之王"，果肉既可生食，也可制果酱、蜜饯、罐头和酿酒等，是营养价值很高的食品。

目前，有关软枣猕猴桃的病害报道主要有细菌性溃疡病，该病害导致猕猴桃产量降低，植株死亡，造成严重经济损失。编者首次观察到软枣猕猴桃病毒病，病叶出现褪绿斑点、向下曲叶等症状，如图89所示。

图89 软枣猕猴桃（a）及其病毒病症状（b）

三十一、鼠李科

科拉丁名：**Rhamnaceae**

（七十九）枣属（属拉丁名：*Ziziphus*）

90. 枣（种拉丁名：*Ziziphus jujuba*）

枣又称大枣、枣子、枣树、扎手树、红卵树，落叶小乔木，稀灌木，原产于我国，在我国各个地区均有种植。枣果营养丰富，是人们喜爱的水果作物之一。枣树全身是宝，枣叶、果、皮、木分别含有维生素、鞣料物质、单宁和枣酸及铁、锌等微量元素，其加工制品有消炎、清血、活血的作用，具有独特的营养和药用价值。

近几年，在我国部分地区枣树上发现了啤酒花矮化类病毒（Hop stunt viroid）、枣花叶伴随病毒（jujube mosaic-associated virus）、枣黄化斑驳伴随病毒（jujube yellow mottle-associated virus，JYMaV）。在辽宁朝阳市、新疆阿克苏地区的枣树上均发现了JYMaV，病株出现叶片褪绿环斑、明脉和畸形等症状，果实上也形成了褪绿斑和出现严重的畸形。病叶早期出现黄色斑点，后逐渐扩展为不规则黄带，后期整个叶片黄化、畸形。病果变小畸形、僵化、着色不均，商品价值降低，产量也大幅下降（图90）。

图90 枣叶片和果实病毒病症状（a～d）

三十二、堇菜科

科拉丁名：**Violaceae Batsch**

（八十）堇菜属（属拉丁名：*Viola*）

91. 堇菜属植物

堇菜属植物为多年生草本，在全世界有500余种，主要分布于北温带。我国有110余种，南方和北方各省份均有分布，常生长于湿草地、山坡草丛、灌丛、杂木林缘、田野、宅旁等处。堇菜属植物普遍具有清热解毒、凉血消痈的功效，部分种类具有较高的观赏价值。

目前，在意大利、日本、法国和中国均有堇菜属植物被病毒侵染的报道，包括CMV、TYLCV、堇菜斑驳病毒（viola mottle virus）、堇菜类传染性软腐病病毒（viola Iflavirus-like virus）。2019年，编者在辽宁地区观察到表现出黄斑驳症状的堇菜属植物（图91），病害相关病毒为玫瑰黄脉病毒属（*Rosadnavirus*）的一种新型病毒——堇菜黄斑驳病毒（viola yellow mottle virus）。

图91　堇菜属植物（a）及其病毒病症状（b～d）

三十三、芸香科

科拉丁名：**Rutaceae**

（八十一）黄檗属（属拉丁名：*Phellodendron*）

92. 黄檗（种拉丁名：*Phellodendron amurense*）

黄檗又名檗木、黄菠萝等，落叶乔木，在我国主要分布于黑龙江、吉林、辽宁、河北等省份，在其他国家如俄罗斯、朝鲜、日本等也有分布。黄檗木材有优良的防水性、耐腐蚀性、纹路细腻，自然美观，可塑性强，常用于军事装备的生产、工业建筑的建造、家具制造等。同时，黄檗又是极其珍贵的药用树种，其干燥树皮又被称为黄柏，具有清热解毒、泻火燥湿的功效。

2017年起，编者在辽宁地区观察到黄檗病毒病害，病株叶片表现出黄色环斑、花叶症状（图92），编者团队在病叶中先后鉴定到马铃薯Y病毒科（*Potyviridae*）蔷薇黄花叶病毒属（*Roymovirus*）的一个新成员——黄檗黄环斑伴随病毒（Phellodendron yellow ringspot-associated virus）和北岛病毒科（*Kitaviridae*）黄檗类木槿绿斑病毒属（*Higrevirus*）的一个新成员——黄檗类木槿绿斑病毒属病毒（Phellodendron associated higre-like virus）。

图92 黄檗病毒病症状（a~d）

三十四、旱金莲科

科拉丁名：**Tropaeolaceae**

（八十二）旱金莲属（属拉丁名：*Tropaeolum*）

93. 旱金莲（种拉丁名：*Tropaeolum majus*）

旱金莲又名金莲花、荷叶七，一年生或多年生草本植物，原产于南美洲秘鲁、巴西等地，我国广泛引种，将其作为庭院或温室观赏植物，在河北、江苏、福建、江西、广东、广西、云南、贵州、四川、西藏等省份均有栽培，有时逸生。旱金莲的花有红、黄、橘红和乳黄等颜色，盛开时如群蝶飞舞，极具观赏价值，可用于花坛、盆栽、吊盆。旱金莲还有很好的药用价值，其花入药，具有清热解毒、止血、消炎等功效。

据报道，已有30多种病毒可以侵染旱金莲，包括CMV、BBWV、BBWV2、ZYMV、TuMV、BYMV、旱金莲花叶病毒（nasturtium mosaic virus）和旱金莲环斑病毒（nasturtium ring spot virus）等。2019年，编者在辽宁沈阳观察到旱金莲病毒病害，早期病株叶片出现零星黄色斑点，中期整个叶片黄化，后期叶片枯萎，如图93所示。编者团队确定了病害相关病毒为布尼亚目（*Bunyavirales*）番茄斑萎病毒科（*Tospoviridae*）正番茄斑萎病毒属（*Orthotospovirus*）的TSWV。

图93 旱金莲（a）及其病毒病症状（b～d）

三十五、毛茛科

科拉丁名：**Ranuculaceae**

（八十三）铁线莲属（属拉丁名：*Clematis*）

94. 短尾铁线莲（种拉丁名：*Clematis brevicaudata*）

短尾铁线莲俗名连架拐、石通、林地铁线莲，多年生藤本植物，有"攀援皇后"之美称。它具有较强的适应性、耐寒性和抗逆性，广泛分布于我国东北、华北、华东和西南等地，常生长在半向阳的山沟或荆棘草丛处，伴生于黄荆、胡枝子、蛇莓、中华隐子草等植物旁。短尾铁线莲的根部含有较为丰富的齐墩果酸，具有镇痛、消炎、杀菌作用，在藏药领域中有着丰富的应用。

2021年，编者在辽宁沈阳地区观察到短尾铁线莲病毒病，病株出现黄斑驳、曲叶和枯斑等症状，如图94所示。编者团队确定病害相关病毒为无花果花叶病毒科（*Fimoviridae*）欧洲山楸环斑病毒属（*Emaravirus*）的一个新成员，将其命名为短尾铁线莲黄斑驳病毒（clematis yellow mottle virus）。

图94 短尾铁线莲（a）
和短尾铁线莲病毒
病症状（b～d）

三十六、虎耳草科

科拉丁名：Saxifragaceae

（八十四）山梅花属（属拉丁名：*Philadelphus*）

95.京山梅花（种拉丁名：*Philadelphus pekinensis*）

　　京山梅花别名太平花，太平瑞圣花，为落叶灌木。京山梅花分布广泛，在我国东北地区南部、华北和西北地区均有分布。它作为一种优良灌木，枝叶茂密，花色洁白并带有清香，花期较长，易于繁殖和栽培，且有很强的抗胁迫能力，因此被广泛应用于园林绿化和景观的优化，进而提高观赏性和园林的生态功能，除了用于园林观赏，它还有一定的药理功能。目前未见京山梅花病毒病报道。编者在辽宁地区观察到表现京山梅花曲叶、黄脉和小叶病害，如图95所示。

图95　京山梅花病毒病症状（a～b）

三十七、荨麻科

科拉丁名：Urticaceae

（八十五）雾水葛属（属拉丁名：*Pouzolzia*）

96.雾水葛（种拉丁名：*Pouzolzia zeylanica*）

　　雾水葛别名啜脓羔、贯菜、杜徐头等，生长于云南南部和东部、广西、广东、福建、江西、浙江西部、安徽南部（黄山）、湖北、湖南、四川、甘肃南部。其性寒，味甘淡，有清热利湿、解毒排脓之功效。

　　目前，在云南、广东发现受雾水葛菜豆金色花叶病毒属雾水葛金色花叶病毒（Pouzolzia golden mosaic virus，PouGMV）和广东雾水葛花叶病毒（Pouzolzia mosaic Guangdong virus，PouMGDV）侵染的雾水葛病株，雾水葛受病毒侵染后表现出叶片黄化、花叶等症状（图96）。

图96　雾水葛（a）及其病毒病症状（b～c）

三十八、罂粟科

科拉丁名：**Papaveraceae**

（八十六）白屈菜属（属拉丁名：*Chelidonium*）

97. 白屈菜（种拉丁名：*Chelidonium majus*）

白屈菜别称地黄连、土黄连、断肠草，多年生草本植物，在我国的大部分地区均有分布，生长于山坡地区、路旁或者石缝。白屈菜是一种著名的中草药，全草可入药，具有镇痛、止咳、利尿、解毒等功效。除了在中药治疗方面可入药之外，白屈菜内含有的生物碱在治疗癌症、呼吸道疾病等方面有着很好的治疗效果。

目前，共有三例关于白屈菜病毒病的报道：1979年，Bečák在捷克的白屈菜上鉴定出CMV的分离株；2015年，赵福美等在韩国的白屈菜上鉴定出长线形病毒科（*Closteroviridae*）毛状病毒属（*Crinivirus*）的成员——白屈菜静脉病毒（tetterwort vein chlorosis virus，TVCV）；2021年，编者在辽宁地区观察到一种新型白屈菜病害，病叶呈现褪绿、黄化的症状（图97）。编者团队首次从病株叶片上鉴定出一种新的细胞质弹状病毒，暂命名为白屈菜黄斑驳相关病毒（Chelidonium yellow mottle associated virus）。这是白屈菜受弹状病毒侵染的首次报道。

图97 白屈菜（a）及其病毒病症状（b～d）

三十九、绣球花科

科拉丁名：**Hydrangeaceae**

（八十七）绣球属（属拉丁名：*Hydrangea*）

98.绣球（种拉丁名：*Hydrangea macrophylla*）

绣球，灌木，叶倒卵形或宽椭圆形，近球形或头状、伞房状、聚伞花序，花大圆润，花期长，花色丰富，不仅能用于园林绿化和家庭美化，还可作为盆花、鲜切花、插花、干花及药用植物，是重要的切花、盆花和园林绿化植物。绣球每年都在我国各地大面积种植，在花卉产业中占有重要地位。

已报道的危害绣球的病毒主要是甲型线形病毒科马铃薯X病毒属的绣球环斑病毒（Hydrangea ringspot virus），病毒粒子无包膜结构，粒体呈线条状[（480～500）纳米×13纳米]，是单股正链RNA病毒，在5'端有Cap结构，在3'端有poly A结构，是典型的PVX病毒结构。编者在辽宁地区发现绣球曲叶病，如图98所示。

图98 绣球（a）及其病毒病症状（b）

四十、紫茉莉科

科拉丁名：Nyctaginaceae

（八十八）紫茉莉属（属拉丁名：*Mirabilis*）

99. 紫茉莉（种拉丁名：*Mirabilis jalapa*）

紫茉莉，一年生草本，原产于美洲热带地区，在我国南方和北方各地广泛栽培，为常见的观赏花卉。紫茉莉根，是一种中药，据文献报道其有治疗糖尿病的作用，同时也在中药及少数民族的一些治疗糖尿病的复方中出现。目前未见紫茉莉病虫害的报道，编者在辽宁地区发现紫茉莉曲叶黄化病，见图99。

图99　紫茉莉病毒病症状（a～b）

四十一、禾本科

科拉丁名：Poaceae

（八十九）地毯草属（属拉丁名：*Axonopus*）

100. 地毯草（种拉丁名：*Axonopus compressus*）

地毯草别名大叶油草，是一种多年生草本植物，原产于美洲热带地区，全球其他热带、亚热带地区有引种栽培。地毯草具有发达的匍匐根茎，抗逆性强，且能快速形成如地毯状的优质草坪，在我国热带亚热带地区被广泛用于公共绿地草坪、水土保持和公路护坡草坪。

目前，关于地毯草病害有一例报道：章武等在海南省和广东省进行地毯草病害调查时，发现一种疑似地毯草炭疽病的新病害，基于分子生物学、形态学分析及致病性测定，最后确定了地毯草炭疽病病原菌为炭疽菌属的一个新种。编者在辽宁地区发现地毯草病毒病害，如图100所示。

图100 地毯草（a）及其病毒病症状（b～d）

艾永兰，2014.芹菜病毒病综合防治措施［J］.现代农村科技（6）：35.

安雯霞，2022.三种植物RNA病毒的种类鉴定及其分子特性分析［D］.沈阳：沈阳大学.

Arif M，2018.福建省begomoviruses的检测和分子生物学研究［D］.福州：福建农林大学.

班一云，丁波，周雪平，2017.湖南省番茄和牵牛花上双生病毒的分子鉴定［J］.植物保护，43（4）：134–138.

班一云，2017.湖南、海南省菜豆金色花叶病毒属病毒的鉴定［D］.北京：中国农业科学院.

曹雨夏，刘娜，周晓雪，等，2022.基于馆藏标本的元宝槭资源分布研究［J/OL］.广西植物（z1）：149–163.

曹志艳，张金林，王艳辉，等，2014.外来入侵杂草刺果瓜（Sicyos angulatus L.）严重危害玉米［J］.植物保护，40（2）：187–188.

曾华，2023.北方杏树栽培中常见病虫害及防治方法［J］.现代农村科技（4）：39–40.

曾宪锋，邱贺媛，杜晓童，等，2013.江西省新记录入侵植物赛葵、光荚含羞草［J］.福建林业科技，40（4）：108–109，162.

车亮，2004.五叶地锦营养特性研究［D］.长春：吉林农业大学，

陈博，闫鑫磊，2020.松果菊的特点及园林应用［J］.现代园艺，43（17）：91–93.

陈功，李骏捷，徐慧，等，2014.锦葵科观赏花卉资源及其园林应用［C］//中国园艺学会观赏园艺专业委员会.中国观赏园艺研究进展.北京：中国林业出版社：5.

陈精兰，李凡，李越，等，2008.侵染野茼蒿引起黄脉症状的联体病毒的分子鉴定［J］.云南农业大学学报（1）：29–32.

陈岚，2023.辣椒高效高产栽培技术探究［J］.新农业（10）：55–56.

陈丽君，2016.番茄、芹菜和豇豆病毒病病原检测［D］.晋中：山西农业大学.

陈利达，曹金强，石延霞，等，2018.北京地区南瓜病毒病病原种类鉴定［J］.中国蔬菜（6）：43–47.

陈婷，汤亚飞，何自福，等，2020.我国朱槿曲叶病毒病及其传播介体烟粉虱分布调查［J］.南方农业学报，51（11）：2697–2705.

陈雅寒，马强，孙平平，等，2020.杏衰退萎黄病病毒的siRNA高通量测序和RT–PCR鉴定［J］.园艺学报，47（4）：725–733.

陈雨生，江一帆，张瑛，2022.中国大豆生产格局变化及其影响因素［J］.经济地理，42（3）：87–94.

程博琳，苗明三，2014.月季花的现代研究［J］.中医学报，29（5）：711–712.

崔晶，2019.吉林省毛酸浆和酸浆病害病原鉴定及防治初步研究［D］.长春：吉林农业大学.

崔丽娟，徐连春，2014.洋姑娘（毛酸浆）高产栽培技术推广［J］.农民致富之友（12）：163.

崔潇，杨一，孙超，2012.苦荬菜属植物药用及营养价值［J］.生物技术世界，10（5）：44，120.

弟豆豆，2022.苹果坏死花叶病毒烟台分离物的鉴定与表达特性分析［D］.烟台：烟台大学.

董迪，朱艳华，何自福，等，2012.侵染广东黄秋葵的木尔坦棉花曲叶病毒及伴随卫星DNA的分子特

征［J］.华南农业大学学报，33（1）：33–39.

董家红，尹跃艳，徐兴阳，等，2010.番茄斑萎病毒在云南的发生为害［C］//中国植物保护学会.公共植保与绿色防控.北京：中国农业科学技术出版社，2010：784.

董铮，2022.北京地区番茄及两种花卉病毒病的病原鉴定及其序列分析［D］.北京：北京农学院.

都姝麟，李丽荣，顾硕，等，2022.白屈菜药理作用综合研究进展［J］.吉林中医药，42（1）：84–87.

杜晓飞，2023.节水耐旱的园林绿化木质藤本——南蛇藤［J］.中国城市林业，21（2）：177.

段善德，贾音，赵艺宁，等，2024.大丽花种质资源及利用的研究进展［J/OL］.分子植物育种：1–22.

范邦海，田玲，李兴山，等，2018.龙爪槐培育技术［J］.花木盆景：花卉园艺（10）：33–35.

范贝贝，2020.短尾铁线莲水浸提液对刺槐种子萌发和幼苗生长的影响［D］.郑州：河南农业大学.

范明浩，2021.呼和浩特市龙爪槐烂皮病的鉴定［J］.内蒙古林业（10）：37–40.

范三薇，周雪平，2003.从海南省杂草胜红蓟和假马鞭上检测到粉虱传双生病毒［J］.植物病理学报（6）：513–516.

范旭东，胡国君，陈绍莉，等，2023.我国葡萄扇叶衰退病相关病毒研究进展［J］.中国果树（9）：1–5，142.

付岗，黄思良，袁高庆，等，2006.佛肚树流胶病病原及其生物学特性［C］//中国植物病理学会.中国植物病理学会2006年学术年会论文集.北京：中国农业科学技术出版社：1.

付晶晶，杨彩霞，韩彤，等，2018.西瓜花叶病毒辽宁臭椿分离物的鉴定与全序列分析［J］.江西农业大学学报，40（1）：96–102.

付晶晶，2018.辽宁部分地区*Potyvirus*病毒的鉴定及基因多样性分析［D］.沈阳：沈阳大学.

付晓霞，王桂凤，任宣百，等，2020.黄檗药材林培育技术［J］.吉林林业科技，49（4）：44–45，48.

成焕波，2012.杠板归化学成分的研究［D］.武汉：湖北中医药大学.

高春红，2012.锦带花及四个品种抗旱性研究［D］.哈尔滨：东北林业大学.

高国龙，张兴旺，姜子健，等2022.木尔坦棉花曲叶病毒在新疆的发生分布及烟粉虱带毒检测［J］.植物保护，48（3）：254–262.

高宇，史树森，2020.大豆病毒病介体昆虫研究概况［J］.大豆科技（1）：49–54

龚明霞，赵虎，王萌，等，2022.广西辣椒病毒的sRNA深度测序和RT–PCR鉴定［J］.园艺学报，49（5）：1060–1072.

巩焕然，2010.云南和广西胜红蓟黄脉病的病原研究［D］.杭州：浙江大学.

郭俊，李凡，李玲，等，2008.侵染云南胜红蓟引起黄脉症状的病毒的分子鉴定［C］//中国植物病理学会.中国植物病理学会2008年学术年会论文集.北京：中国农业科学技术出版社，402–405.

郭文通，余越，王思月，等，2023.基因沉默*SlERF14*促进番茄果实成熟［J］.中国生物化学与分子生物学报，39（10）：1476–1486.

郭永田，2016.中国食用豆产业的经济分析［D］.武汉：华中农业大学.

韩俊丽，郭庆元，王晓鸣，2008.普通菜豆种传病毒及其检测［C］//中国植物保护学会.植物保护科技创新与发展——中国植物保护学会2008年学术年会论文集.北京：中国农业科学技术出版社，2008：4.

韩彤，2018.沈阳三种木本植物病毒病的分子检测与鉴定［D］.沈阳：沈阳大学.

韩志磊，李光艳，孙晓辉，等，2024.甘薯褪绿斑病毒山东分离物全基因组扩增及遗传进化分析［J］.植物病理学报，54（2）：279–290.

何莉莉，刘金昌，陈柏，2022.外来入侵植物刺果瓜在辽宁省的潜在分布及农业经济损失预测［J］.沈阳农业大学学报，53（1）：119—127.

何伟光，2020. 重庆烟草病毒病病源田间溯源与防控对策研究［D］. 重庆：西南大学.

何永福，王楠，叶照春，等，2013. 贵州省烟田杂草主要病毒检测及分析［J］. 杂草科学，31（1）：15—19.

何志瑞，赵小琴，郭生宝，等，2022. 珍贵树种黄檗的特征特性及育苗技术［J］. 陕西农业科学，68（7）：100—102.

何自福，董迪，李世访，等，2010. 木尔坦棉花曲叶病毒已对我国棉花生产构成严重威胁［J］. 植物保护，36（2）：147—149.

何自福，朱艳华，毛明杰，等，2009. 广东烟粉虱传双生病毒研究进展［C］//中国植物保护学会. 粮食安全与植保科技创新. 北京：中国农业科学技术出版社，2009：999.

洪波，孟琦，江健梅，等，2022. 白屈菜生物碱研究进展［J］. 人参研究，34（2）：58—62.

侯秋实，2020. 三种园林观赏木本植物上的病毒鉴定和分析［D］. 沈阳：沈阳大学.

侯素美，几种花生病害的科学辨别及防治技术［J］. 乡村科技，2021，12（33）：68—70.

胡海娇，汪精磊，胡天华，等，2022. "十三五"我国萝卜遗传育种研究进展［J］. 中国蔬菜（10）：20—26.

胡静，孟芮羽，张盈，等，2013. 红小豆粉液化及糖化条件研究［J］. 中国酿造，32（6）：97—100.

胡正平，2015. 牵牛［J］. 花木盆景：花卉园艺（7）：59.

黄斌生，2023. 美人蕉栽培与管理技术［J］. 种子科技，41（8）：102—104.

黄麟，杨济云，李秋成，等，2017. 龙爪槐枝干溃疡病的病原研究［J］. 南京林业大学学报：自然科学版，41（5）：175—179.

黄韦庆，2012. 鸡冠花生物学特性及栽培管理［J］. 安徽农学通报：下半月刊，18（18）：111—112.

黄喜宇，韩夫云，崔大鹏，2015. 京桃生物学特性及干旱地区育苗技术［J］. 现代农业科技（9）：171，178.

黄艳岚，2021. 湖南甘薯DNA病毒分子鉴定与甘薯曲叶病毒病理特征研究［D］. 长沙：湖南农业大学.

季英华，朱叶芹，李贵，等，2017. 江苏省及周边地区番茄黄化曲叶病毒寄主范围调查［J］. 江苏农业科学，45（2）：90—93.

贾含琪，刘忠玄，陈洁，等，2018. 火炬树枯枝病病原菌鉴定［J］. 森林工程，34（6）：20—24.

贾素平，2007. 福建省四种双联病毒的分子鉴定［D］. 福州：福建农林大学.

贾旭，巩江，张新刚，等，2011. 苘麻的栽培及管理技术研究概况［J］. 畜牧与饲料科学，32（2）：51—52.

姜英，2023. 田间和组培条件下葡萄多倍体诱导［D］. 秦皇岛：河北科技师范学院.

姜元昊，张凯浩，高亚宁，等，2023. 不同番茄品种采后品质变化和耐贮性比较［J］. 中国瓜菜，36（6）：114—119.

解晓盈，何诗芸，朱丽娟，等，2021. 一种侵染茉莉的长线型病毒科新病毒的发现和分子鉴定［C］//中国植物病理学会. 植物病理科技创新与绿色防控：中国植物病理学会2021年学术年会论文集. 北京：中国农业科学技术出版社：1.

靳娟，李丽莉，杨磊，等，2023. 枣SWEET基因家族的全基因组鉴定及表达分析［J］. 基因组学与应用生物学，42（5）：481—490.

康静，2023. 中华苦荬菜提取物改善2型糖尿病的作用及其机制研究［D］. 长春：吉林大学.

孔楚楚，柳志诚，叶丹阳，等，2023. 老鹳草化学成分及抗肿瘤活性研究［J］. 中国现代中药，25（6）：1187–1193.

孔涛，梁晨，逄蕾，等，2009. 金银忍冬白粉菌及其重寄生菌的报道［J］. 菌物研究，7（2）：86–88.

赖昕，梁敬钰，2012. 铁苋菜属药用植物的研究进展［J］. 海峡药学，24（12）：1–6.

黎成，杨婷，庄彬贤，等，2024. 茄子果实相关农艺性状全基因组关联分析研究进展与展望［J］. 生物工程学报，40（1）：94–103.

李晨，2021. 我国葡萄主要病毒检测及其传播方式分析［D］. 北京：中国农业科学院.

李呈宇，2022. 北岛病毒科三种病毒的鉴定及全基因组分析［D］. 沈阳：沈阳大学.

李刚，2014. 园艺植物几种病毒病的分子检测与鉴定［D］. 泰安：山东农业大学.

李光艳，2020. 病毒复合侵染对山东甘薯主栽品种的影响及转录组分析［D］. 泰安：山东农业大学.

李海真，田佳星，张国裕，等，2021. "十三五"我国南瓜遗传育种研究进展［J］. 中国蔬菜（9）：16–24.

李家磊，姚鑫森，卢淑雯，等，2014. 红小豆保健价值研究进展［J］. 粮食与油脂，27（2）：12–15.

李洁，2022. 芹菜种质资源的耐热性评价及高温应答机制初步研究［D］. 成都：四川农业大学.

李黎明，袁梦琦，檀婷婷，等，2022. 外来入侵植物粗毛牛膝菊研究现状及防治对策［J］. 现代农业科技（4）：119–122.

李良安，尹士海，2021. 美人蕉花叶病的发生与防治［J］. 河南林业科技，41（1）：55–56.

李梁，杨彩霞，侯秋实，等，2020. 蚕豆萎蔫病毒2号辽宁藜分离物的鉴定［J］. 沈阳农业大学学报，51（4）：446–453.

李梁，2020. 卫矛与藜上病毒的检测与鉴定［D］. 沈阳：沈阳大学.

李孟娟，程宏，吴睿，等，2023. 辣椒主要营养成分的测定与分析［J］. 农业与技术，43（14）：18–20.

李勤霞，胡文凯，薛晓东，2023. 不同加工工艺对番薯多糖和蛋白质含量的影响［J］. 安徽农业科学，51（15）：157–161，201.

李茹，罗小娟，董立尧，等，2013. 鳢肠成株及结实等特性研究［J］. 山西农业大学学报：自然科学版，33（6）：514–516.

李瑞锋，高丽，温放，2022. 华南喀斯特地区凤仙花属2种省级分布新记录［J］. 南方林业科学，50（6）：35–38.

李婷婷，尹跃艳，兰梅，等，2020. 露地栽培番茄斑萎病毒病发生流行规律调查及TSWV重要寄主植物监测［J］. 植物保护学报，47（2）：339–346.

李雪塞，高云昌，张树梓，等，2023. 河北省朴属植物的调查研究［J］. 林业资源管理（2）：132–137.

李阳，肖朝江，刘健，等，2019. 圆叶牵牛化学成分研究［J］. 广西植物，39（7）：910–916.

李雨杰，2014. 四种植物弹状病毒的鉴定及其分子生物学特性研究［D］. 沈阳：沈阳大学.

李振兴，2023. 大豆种植及病虫害防治技术［J］. 种子科技，41（12）：73–75.

李正刚，农媛，汤亚飞，等，2020. 侵染广东连州葫芦的黄瓜绿斑驳花叶病毒的分子特征及致病性分析［J］. 中国农业科学，53（5）：955–964.

李正刚，汤亚飞，佘小漫，等，2022. 侵染萝卜的油菜花叶病毒广东分离物分子特征及其致病性分析［J］. 中国农业科学，55（14）：2752–2761.

李祖任，晏升禄，廖海民，等，2015. 入侵杂草美洲商陆大小孢子的形成和雌雄配子体的发育［J］. 华北农学报，30（S1）：81–86.

廖白璐，2006 云南省几种作物及杂草上双生病毒及伴随的DNAβ的分子鉴定［D］. 杭州：浙江大学.

廖伯寿，2020. 我国花生生产发展现状与潜力分析［J］. 中国油料作物学报，42（2）：161–166.

廖一鸣，2018. 沈阳和盖州地区萝卜病毒病的分子检测与鉴定［D］. 沈阳：沈阳大学.

刘辰旺，李鑫，但林蔚，等，2023. 龙葵化学成分、药理作用及临床应用研究进展［J］. 现代中医药，43（4）：105–117.

刘汉兵，2020. 短毛独活白粉病发生流行规律及防治措施的研究［D］. 哈尔滨：东北农业大学.

刘继阳，2014. 桃叶卫矛果实主要活性成分的提取及活性研究［D］. 长春：吉林农业大学.

刘嘉裕，2018. 湖南地区南瓜主要病毒检测及其外壳蛋白基因分子进化分析［D］. 长沙：湖南农业大学.

刘卫卫，张于，郝小江，等，2014. 佛肚树的化学成分研究［J］. 天然产物研究与开发，26（12）：1953–1956.

刘雯，晏立英，文朝慧，等，2014. 甘肃省18种药用植物病毒病调查及2种病毒病的鉴定［J］. 植物保护，40（5）：133–137，163.

刘小华，杨旭英，胡美绒，2019. 瓜类蔬菜病毒病绿色防控技术［J］. 西北园艺：综合（5）：40–42.

刘晓玲，李超，冯毅，等，2020. 元宝枫果实发育动态及品质形成规律［J］. 西北农林科技大学学报：自然科学版，48（5）：69–80.

刘雪建，2015. 浙江省和江西省蔬菜病毒鉴定与变异研究［D］. 杭州：浙江大学.

刘艺军，张赪苒，2016. 北方地区山葡萄的人工栽培及常见病虫害防治［J］. 内蒙古林业调查设计，39（3）：97，57.

刘迎雪，许培磊，艾军，等，2014. 山葡萄园病虫害调查及综合防治研究［J］. 北方园艺（22）：105–107.

刘勇，李凡，李月月，等，2019. 侵染我国主要蔬菜作物的病毒种类、分布与发生趋势［J］. 中国农业科学，52（2）：239–261.

柳明悦，郭洪波，2023. 丝瓜的食药用价值及其开发前景［J］. 新农业（22）：12–13.

兰菊梅，2014. 六盘山林区桦叶槭播种育苗技术［J］. 青海农林科技（2）：74–75.

陆惠华，龚祖埙，曹天钦，1991. 刺槐花叶病毒完整粒体的体外翻译和外壳蛋白构象的改变［J］. 病毒学报（3）：246–252.

陆秋菊，2003. 茉莉花苗木繁殖技术［J］. 农村新技术（7）：14–16.

罗冯凌云，郭圣军，简予，等，2023. 复合制剂对烟草低温早花的改善及烤烟成分的影响［J］. 湖南农业科学（5）：42–44，48.

罗婉笛，王鹏，莫翠萍，等，2022. 侵染湖北圆叶牵牛的甘薯曲叶病毒分子鉴定及遗传进化分析［J］. 广东农业科学，49（10）：96–103.

吕慧芳，刘四运，王俊良，2012. 黄瓜的保健价值及机理研究进展［J］. 吉林蔬菜（3）：57–58.

马丽，张春庆，周玉亮，2005. 甘薯病毒病检测技术研究进展［J］. 中国农学通报（2）：88–91，114.

马晓春，2022. 宁夏番茄病毒病鉴定与绿色防控技术研究［D］. 银川：宁夏大学.

毛倩卓，2011. 侵染萝卜的dsRNA病毒研究［D］. 杭州：浙江理工大学.

毛伟立，2019. 北方危害核桃及火炬树的害虫：核桃缀叶螟［J］. 新农业（3）：32–33.

米美璇，李世访，战斌慧，等，2024. 新疆野杏桃褪绿叶斑病毒和梅相关黄症病毒的鉴定［J/OL］. 植物病理学报：1–5.

牛二波，2016. 丝瓜和西葫芦病毒病病原检测及病毒全基因组序列测定与分析［D］. 晋中：山西农业大学.

牛颜冰，王德富，姚敏，等，2011. 侵染苘麻的烟草花叶病毒鉴定［J］. 植物保护学报，38（2）：

187–188.

农媛，2023. 侵染广东葫芦科作物病毒种类鉴定及重要病毒特征分析［D］. 广州：华南农业大学.

彭燕，谢艳，张仲凯，等，2004. 侵染稀莶的中国番茄黄化曲叶病毒及其卫星DNA全基因组结构特征［J］. 微生物学报（1）：29–33.

彭燕，2003. 侵染稀莶和赛葵的双生病毒的分子鉴定［D］. 杭州：浙江大学.

齐伟辰，朱妮娜，杨峰，2015. 吉林省萝藦科药用植物资源种类与分布［J］. 吉林中医药，35（11）：1149–1150，1154.

钱又宇，薛隽，2008. 世界著名观赏树木大叶槭与梣叶槭（复叶槭）［J］. 园林（4）：64–65.

郭嘉姝，2020. 侵染新疆阿克苏枣树的枣黄化斑驳相关病毒分子特性及RT-PCR检测［D］. 武汉：华中农业大学.

青玲，杨水英，孙现超，等，2009. 从葎草中检出复合侵染的多种病毒［J］. 植物保护，35（4）：138–140.

青松，2013. 家居盆栽精品：旱金莲［J］. 花木盆景：花卉园艺（2）：44–46.

邱磊，杨晓贺，姚亮亮，等，2023. 紫苏的主要病虫害及防治措施［J］. 农业科技通讯（12）：196–197，213.

邱孝军，谭群运，肖清明，等，2020. 长沙地区萝卜病毒病病原鉴定与萝卜种质抗病性评价［J］. 园艺学报，47（10）：1947–1955.

阙勇，2009. 核果类果树上李坏死环斑病毒和李矮缩病毒的血清学及RT-PCR检测［D］. 武汉：华中农业大学.

任江平，2017. 赛葵黄脉病毒和云南赛葵黄脉病毒的群体遗传变异研究［D］. 重庆：西南大学.

阮涛，于云奇，包凌云，等，2011. 四川米易赛葵上粉虱传双生病毒的分子鉴定及复合侵染检测［J］. 植物保护学报，38（5）：419–424.

邵宇纯，仲健新，路云爽，等，2023. 茄子斑驳皱缩病毒病病原物的鉴定及分子进化分析［J］. 江苏农业学报，39（3）：674–682.

施奕，李丽，2018. 大枣的营养成分及药用价值［J］. 智慧健康，4（2）：194–196.

史学林，蔡维维，侯豹，等，2020. 萝藦中有效物质的提取分离及对细胞增殖活性的影响［J］. 海峡药学，32（2）：27–29.

史晔，刘文华，2017. 彩叶树种三花槭的苗木培育与应用［J］. 特种经济动植物，20（4）：31–32.

舒秀珍，沈淑琳，王树琴，等，1987. 侵染观赏植物的常见病毒鉴定［J］. 植物生理学报（3）：14.

宋利娜，弓传伟，孙丽萍，等，2017. 北京地区锦葵科草本观赏植物引种栽培试验［J］. 北京农学院学报，32（3）：89–93.

宋爽，张磊，孙平平，等，2021. 水蜡A病毒在呼和浩特市和哈尔滨市紫丁香上的发生及其基因组分子特征分析［J］. 植物保护学报，48（3）：645–651.

宋新华，2020. 向日葵常见病害的发病原因及防治措施［J］. 现代农业（12）：16–17.

宋颜君，许利嘉，缪剑华，等，2020. 野菊花的研究进展［J］. 中国现代中药，22（10）：1751–1756，1762.

宋瑜. 2021. 三种侵染木本植物的病毒鉴定［D］. 杭州：浙江大学.

苏秀，陈莎，周湘，等，2019. 中国大青金色花叶病毒浙江分离物全基因组序列测定与分析［J］. 植物病理学报，49（3）：424–427.

孙安然，2023.三花槭秋季叶色变化生理及分子机制研究［D］.哈尔滨：东北林业大学.

孙佳，2021.侵染萝藦和野菊的病毒种类鉴定及其基因组序列分析［D］.沈阳：沈阳大学.

孙丽丽，董银卯，李丽，等，2013.红豆生物活性成分及其制备工艺研究进展［J］.食品工业科技，34（4）：390–392，396.

孙少双，王冬雪，杨秀玲，等，2020.胜红蓟上一种与双生病毒伴随的重组 β 卫星分子的鉴定［J］.植物保护，46（4）：19–24，32.

孙文霞，2013.萝藦科植物园林应用研究［D］.福州：福建农林大学.

孙玉楚，2021.圆叶牵牛花花冠闭合的机理［D］.新乡：河南师范大学.

Saina K J，2022.中国臭椿遗传多样性、居群遗传结构及生态位模拟研究［D］.武汉：中国科学院大学（中国科学院武汉植物园）.

谭枫，刘晓慧，张爱冬，等，2022.茄子果色研究进展［J］.安徽农业科学，50（5）：18–20.

汤恩，2023.刺槐育苗及栽培技术［J］.现代园艺，46（14）：43–44，50.

汤亚飞，2020.南方地区烟粉虱传双生病毒种类鉴定和重组突变分析［D］.广州：华南农业大学.

唐远，陆永跃，2013.广东地区引起扶桑黄化曲叶病的病毒种类确定［J］.广东农业科学，40（10）：80–82.

田佳星，张国裕，邱艳红，等，2021.西葫芦病毒病的研究进展［J］.中国蔬菜（5）：20–27.

田琴，邵成艳，段涵宁，等，2023.中国云南8种堇菜属植物的叶形态解剖特征及分类学意义［J］.植物研究，43（3）：447–460.

仝德全，洪瑞芬，邵平绪，等，1981.刺槐花叶病病原体的研究［J］.科学通报（19）：1203–1204.

王彩贵，2019.药用红车轴草栽培技术规范［J］.农民致富之友（7）：74.

王建光，陈海如，苏云松，等，2009.云南鬼针草上发现鬼针草斑驳病毒［J］.中国农业科学，42（5）：1849–1853.

王晶，2023.秋葵的营养成分及应用价值研究［J］.现代食品，29（6）：167–169.

王娟娟，张曦，蒋靖怡，2022.关于豇豆、芹菜和韭菜质量安全的思考.中国蔬菜（6）：7–10.

王筠竹，杨彩霞，于美春，等，2020.沈阳花生上菜豆普通花叶病毒的鉴定与全序列分析［J］.沈阳大学学报：自然科学版，32（6）：7.

王筠竹，2021.侵染三种园艺植物的病毒的分子鉴定与分析［D］.沈阳：沈阳大学.

王禄，林文武，欧阳智刚，等，2016.江西胜红蓟黄脉病病原的分子鉴定［J］.江西农业大学学报，38（5）：866–870.

王琦，2015.菜豆和辣椒的病毒病病原检测［D］.晋中：山西农业大学.

王迁，2019.红三叶草坏死花叶病毒外壳蛋白的荧光标记、靶向修饰与组装［D］.咸阳：西北农林科技大学.

王述彬，濮祖芹，1993.南京芹菜病毒病毒源鉴定［J］.上海农业学报（3）：76–82.

王素霞，张勇跃，刘清民，2006.甘薯的营养价值、主要用途及高产栽培技术［J］.中国农村小康科技（10）：25–26.

王韬，郑平，林石明，等，2006.天竺葵病害及其防治［J］.华南热带农业大学学报，12（2）：66–71.

王文杰.2023.浅谈臭椿育苗及造林技术［J］.河南农业（20）：22–24.

王先炜，谢玉，侯传祥，等，1999.大造桥虫对火炬树的危害及其发生特点［J］.昆虫知识（3）：146–148.

王献田，2020. 藜对不同浓度NaHCO$_3$胁迫的生理反应［D］. 长春：东北师范大学.

王兴业，李剑勇，李冰，等，2011. 中药鸭跖草的研究进展［J］. 湖北农业科学，50（4）：652–655.

王旭红，秦民坚，余国奠，2003. 堇菜属药用植物研究概况与其资源利用前景［J］. 中国野生植物资源（4）：36–37.

王宇飞，2018. 辽宁西部小叶朴育苗技术及其经济意义［J］. 中国野生植物资源，37（5）：77–79.

王玉柱，孙浩元，杨丽，2004. 国内外杏研究和发展现状［C］//国家林业局植树造林司. 北方省区《灌木暨山杏选育、栽培及开发利用》研讨会论文集. 北京：知识产权出版社，2004：7.

魏宁生，吴云峰，1989. 花卉病毒病害的鉴定——（Ⅱ）［J］. 云南农业大学学报（4）：302–308.

魏宁生，吴云峰，1991. 几种花卉病毒病害的鉴定［J］. 西北农林科技大学学报：自然科学版（1）：89–93.

魏世清，2019. 宜宾烟草病毒病种类、发生规律及防治研究［D］. 成都：四川农业大学.

文彬，2023. 茉莉花［J］. 生命世界（2）：21.

文朝慧，何苏琴，王军平，等，2012. 一例向日葵病毒病的检测与诊断［J］. 中国植保导刊，32（10）：11–13.

翁小阜，2009. 赛葵曲叶病毒的鉴定［D］. 福州：福建农林大学.

吴菲，2012. 锦葵科植物在湖南省园林中应用初探［J］. 北京农业（9）：70–71.

吴建军，李庚，高国平，等，2008. 沈阳地区京桃树种主要病害调查研究［J］. 辽宁林业科技（3）：16–19.

吴举宏，2014. 葫芦的形态特征、用途及文化意蕴概述［J］. 生物学教学，39（6）：16–18.

吴卫成，忻晓庭，张程程，等，2022. 番薯叶多酚提取工艺优化及其生物活性研究［J］. 中国食品学报，22（5）：189–199.

席嘉宾，陈平，郑玉忠，等，2004. 中国地毯草野生种质资源调查［J］. 草业学报（1）：52–57.

夏俊强，王清和，严敦余，等，1986. 引起芹菜花叶的一个病毒分离物［J］. 上海农业学报（1）：53–58.

夏炎，黄松，武雪莉，等，2022. 基于宏病毒组测序技术的苹果病毒病鉴定与分析［J］. 园艺学报，49（7）：1415–1428.

夏玥琳，吕金慧，李泽栋，等，2019. 番木瓜病毒病的研究进展［J］. 分子植物育种，17（11）：3690–3694.

相栋，梁巧兰，徐秉良，等，2013. 三叶草病毒病症状类型及发病条件研究［J］. 植物保护，39（6）：130–136.

相栋，2014. 兰州市三叶草病毒病主要毒源种类鉴定及分子检测［D］. 兰州：甘肃农业大学.

徐顶巧，黄露，陈艳琰，等，2021. 杠板归的化学成分、药理作用及质量标准研究进展［J］. 中国野生植物资源，40（12）：31–34.

徐千惠，2017. 辽宁省蔬菜病毒病调查与鉴定［D］. 沈阳：沈阳农业大学.

徐向东，2011. 豆类（小红豆、大红豆和荷包豆）淀粉和蛋白质性质的研究［D］. 广州：华南理工大学.

许文超，鲁学军，2017. 刺果瓜的危害及防控［J］. 现代农村科技（7）：32.

亚秀秀，周桂梅，陈健，等，2019. 小豆病害研究进展［J］. 植物保护，45（3）：36–40，48.

阎克里，路平，方翠芬，等，2003. 中药南蛇藤的研究进展［J］. 西北药学杂志（4）：187–189.

杨炳友，李晓毛，刘艳，等，2017. 毛酸浆的研究进展［J］. 中草药，48（14）：2979–2988.

杨彩霞，张帅宗，孙蓬蓬，等，2014. 甘薯曲叶病毒的研究进展［J］. 中国农学通报，30（1）：298–301.

杨彩霞，2009. 福建省六种双生病毒的分子鉴定及RaMoV NSP互作蛋白的筛选［D］. 福州：福建农林大学.

杨锋，牛二波，王德富，等，2017. 锦葵脉明病毒中国蜀葵分离物*cp*基因序列分析［J］. 植物病理学报，47（4）：458–462.

杨建园，张茜，2023. 凤仙花属植物研究进展［J］. 农业与技术，43（4）：28–32.

杨磊，2019. 一个CMV新寄主的鉴定及CMV–*RNA3*基因间隔区的功能研究［D］. 镇江：江苏科技大学.

杨曼莉，2016. 促进小叶朴种子萌发方法的研究［D］. 沈阳：沈阳农业大学.

杨振宇，2018. 地锦和五叶地锦育苗技术［J］. 辽宁林业科技（5）：71–72.

尹达，杜宁，徐飞，等，2014. 外来物种刺槐（*Robinia pseudoacacia* L.）在中国的研究进展［J］. 山东林业科技，44（6）：92–99.

尹跃艳，李婷婷，卢训，等，2018. 深度测序技术分析番茄斑萎病毒病害寄主及介体中病毒种类［J］. 植物病理学报，48（4）：501–508.

由立新，2001. 鸭跖草生物学特性及防除技术的研究［D］. 哈尔滨：东北农业大学.

于海芹，刘勇，黄昌军，2020. 云南省主要烟区正番茄斑萎病毒属（*Orthotospovirus*）病毒的调查和检测［J］. 基因组学与应用生物学，39（11）：5194–5200.

于海涛，白少岩，杨尚军，2016. 红车轴草化学成分研究［J］. 食品与药品，18（2）：87–91.

于金慧，尤升波，高建伟，等，2019. 芹菜功能性成分及生物活性研究进展［J］. 江苏农业科学，47（7）：5–10.

于秋雪，2017. 不同生态环境京山梅花演化结构研究［D］. 长春：东北师范大学.

于善谦，王鸣岐，1985. 侵染花卉的病毒名称及其主要特征［J］. 上海农业科技（2）：22–24.

于云奇，2012. 四川攀枝花赛葵上双生病毒的检测与鉴定［D］. 重庆：西南大学.

于忠亮，苑景淇，李成宏，等，2019. 金银忍冬的研究现状及保育对策初探［J］. 南方农业，13（21）：13–15.

张赤红，曹永生，宗绪晓，等，2005. 普通菜豆种质资源形态多样性鉴定与分类研究［J］. 中国农业科学（1）：27–32.

张广荣，孙述俊，文朝慧，等，2023. 黄瓜瓜类蚜传黄化病毒的检测与分析［J］. 寒旱农业科学，2（11）：1074–1078.

张国宇，2017. 东北连翘嫩枝扦插繁育技术［J］. 现代园艺（10）：27.

张晖，季英华，吴淑华，等，2015. 江苏朱槿上分离到的木尔坦棉花曲叶病毒基因组结构特征分析［J］. 植物病理学报，45（4）：361–369.

张建云，2013. 新疆辣椒和茄子上两种病毒的分子鉴定［D］. 石河子：石河子大学.

张洁，林文武，吴锦鸿，等，2015. 福州地区豨莶黄脉病病原的分子鉴定［J］. 福建农林大学学报：自然科学版，44（2）：126–130.

张婧，四川锦葵（*Malva parviflora*）上双生病毒的鉴定及变异分析［D］. 重庆：西南大学.

张丽，于沛侠，齐永红，等，2019. 小RNA深度测序技术分析西瓜花叶病毒蜀葵分离物［J］. 中国生物化学与分子生物学报，35（3）：324–332.

张若男，2021. 豆类病毒病害调查及芸豆皱缩矮化病病原鉴定与分析［D］. 哈尔滨：东北农业大学.

张升，何伟，杨华，等，2012. 新疆发生番茄黄化曲叶病毒病［J］. 新疆农业科学，49（1）：105–107，197.

张水英，赵丽玲，李婷婷，等，2022. 侵染云南雾水葛的菜豆金色花叶病毒属病毒的全基因组结构特征［J］.植物病理学报，52（2）：179–190.

张顺延，2021. 堇菜属植物和松果菊上病毒种类鉴定及其基因组序列分析［D］.沈阳：沈阳大学.

张婷婷，2013. 鸡冠花的化学成分研究［D］.哈尔滨：黑龙江中医药大学.

张彤赫，黄儒强，2023. 龙葵果生物活性成分及其药理作用研究进展［C］//广东省食品学会. 健康食品研发与产业技术创新高峰论坛暨2022年广东省食品学会年会论文集：67–70.

张喜武，李永吉，方建，等，2011. 丁香苦苷固体脂质纳米粒抗鸭乙肝病毒的实验研究［J］.中医药信息，28（2）：107–110.

张兴旺，高国龙，姜子健，等，2022. 新疆朱槿曲叶病病原鉴定及烟粉虱带毒率检测［J］.石河子大学学报：自然科学版，40（3）：306–311.

张秀琪，刘松誉，杨一舟，等，2021. 北京月季病原病毒的高通量测序鉴定和RT-PCR检测［J］.植物病理学报，51（4）：525–535.

张秀琪，聂张尧，李梦林，等，2022. 侵染月季的香石竹潜隐病毒属新病毒鉴定及其全基因组序列分析［J］.植物病理学报，52（4）：547–554.

张学慧，2022. 新疆辣椒病毒病病原鉴定及检测［D］.石河子：石河子大学.

张娅南，王飞，2009. 有研发价值的药用植物：金银忍冬［J］.吉林医药学院学报，30（3）：170–172.

张艳霞，2020. 黄栌常见的病虫害及防治措施［J］.乡村科技，11（25）：76–77.

张莹莹，史俊锋，2024. 蜀葵植物学特性及栽培技术［J］.种子科技，42（12）：66–68.

张永江，李桂芬，朱水芳，等，2007. 黄瓜花叶病毒紫松果菊分离物外壳蛋白特性分析［J］.江西农业大学学报（1）：34–37.

张稚钰，2019. 4种花生病毒病发病规律及综合防治策略［J］.河南农业（2）：7–8.

张中海，王美丽，唐忠丽，等，西葫芦cDNA全长转录组序列分析［J］.分子植物育种，21（24）：8028–8035.

张仲凯，马秀英，吴阔，等，2020. 陆良莴苣类蔬菜斑萎病的侵染循环及其发生流行特点［J］.西南农业学报，33（12）：2827–2832.

张宗义，陈坤荣，许泽永，等，1998. 刺槐上分离的花生矮化病毒的研究［J］.中国病毒学（3）：88–91.

章武，刘金祥，霍平慧，等，2017. 地毯草炭疽病致病新种 *Colletotrichum hainanense* sp. nov. 的分离与鉴定［C］//中国草学会. 2017中国草学会年会论文集.

赵宝，2023. 彩色叶树种在园林造景中的应用［J］.现代园艺，46（21）：121–123.

赵国晶，郭怡卿，1989. 云南农田蓼科杂草一新分布种［J］.西南农业学报（4）：95–96.

赵红梅，2013. 五叶地锦在园林绿化中的应用与管理［J］.农村科技（10）：68–69.

赵丽玲，施章吉，李婷婷，等，2020. 野茼蒿黄脉病毒的田间寄主范围及其基因多样性特征［J］.植物保护学报，47（3）：647–656.

赵小春，2023. 新疆葡萄病毒病的病原鉴定及检测［D］.石河子：石河子大学.

赵小慧，刘冲，郁凯，等，2023. 利用小RNA深度测序技术鉴定江苏盐城辣椒病毒种类［J］.江苏农业学报，39（1）：37–43.

赵兴华，于沛侠，陈丽君，等，2017. 侵染芹菜的甜椒内源RNA病毒鉴定及序列分析［J］.植物保护，43（5）：143–146，153.

郑婕，邓冰倩，罗学娅，2019. 中药锦带花的研究进展［J］. 中国当代医药，26（10）：21–23.

智海剑，2005. 大豆对大豆花叶病毒抗侵染和抗扩展特性的鉴定、遗传和利用研究［D］. 南京：南京农业大学.

钟静，赵丽玲，尹跃艳，等，2017. 一种侵染鳢肠的双生病毒基因组特征［J］. 植物病理学报，47（4）：479–486.

钟静，赵丽玲，李婷婷，等，2022. 侵染凤仙花的菜豆金色花叶病毒的鉴定及基因组结构分析［J］. 园艺学报，49（5）：1136–1144.

周露华，方俊仪，熊子墨，等，2023. 不同番茄种质的耐涝能力评价［J］. 植物研究，43（5）：657–666.

周万福，张亚玲，刘香萍，等，2011. 大庆地区苦荬菜病害种类调查报告［J］. 当代畜牧（5）：45–47.

周雪平，彭燕，谢艳，等，2003. 赛葵黄脉病毒：一种含有卫星DNA的双生病毒新种［J］. 科学通报，（16）：1801–1805.

周永亮，张新全，刘伟，2005. 地毯草研究进展［J］. 四川草原（11）：27–29，42.

朱晨，唐伟，阴筱，等，2023. 美人蕉黄条病毒扬州、长沙分离物全基因组的测定与序列分析［J］. 西南农业学报，36（12）：2711–2717.

朱丽娟，陆承聪，江朝杨，等，2017. 一种侵染茉莉的番茄丛矮病毒科病毒的发现和分子鉴定［C］//中国植物病理学会. 中国植物病理学会2017年学术年会论文集. 北京：中国农业科学技术出版社.

朱敏，王泊婷，黄莹，等，2017. 云南天竺葵上发现番茄斑萎病毒［J］. 南京农业大学学报，40（3）：450–456.

庄武，曲智，曲波，等，2009. 警惕垂序商陆在辽宁蔓延［J］. 农业环境与发展，26（4）：72–73.

Alonso M，Borja M，2005. High incidence of *Pelargonium line pattern virus* infecting asymptomatic *Pelargonium* spp. in Spain［J］. European Journal of Plant Pathology，112（2）：95–100.

An W，Li C，Zhang S，et al.，2022. A putative new emaravirus isolated from *Ailanthus altissima*（Mill.）Swingle with severe crinkle symptoms in China. Arch Virol，167（11）：2403–2405.

Behncken G M，1970. Some Properties of a Virus From Galinsoga Parviflora［J］. Australian Journal of Biological Sciences，23.

Bouwen I，Maat D Z，1992. Pelargonium flower-break and pelargonium line pattern viruses in the Netherlands；purification，antiserum preparation，serological identification，and detection in pelargonium by ELISA［J］. Netherlands Journal of Plant Pathology，98（2）：141–156.

Brčák J，1979. Czech and Scandinavian isolates resembling dandelion yellow mosaic virus［J］. Biologia Plantarum，21（4）：298–301.

Cardin L，Moury B，2007. First report of cucumber mosaic virus in *Viola hederacea* in France and Italy［J］. Plant Disease，91（3）：331.

Delibašić G，Tanović B，Hrustic J，et al.，2013. First report of the natural infection of Robinia pseudoacacia with Alfalfa mosaic virus. Plant Dis，97（6）：851.

Dong J H，Zhang Z K，Ding M，et al.，2010. Molecular characterization of a distinct Begomovirus infecting *Crassocephalum crepidioides* in China［J］. Journal of Phytopathology，156（4）：193–195.

Du J，Zhang C M，Niu Y B，2014. First report of cucumber mosaic virus in *Agastache rugosa* in China［J］. Plant Disease，98（11）：1589–1589.

Dukić N，Krstić B，Vico I，et al.，2006. First report of zucchini yellow mosaic virus，watermelon mosaic virus，and cucumber mosaic virus in Bottlegourd（*Lagenaria siceraria*）in Serbia. Plant Disease，90（3）：380.

Fránová J，Sarkisova T，Jakešová H，et al.，2019. Molecular and biological properties of two putative new cytorhabdoviruses infecting *Trifolium pratense*［J］. Plant Pathology，68（7）：1276–1286.

Gang S，Zhang S，Zhang S，et al.，2023. Broad bean wilt virus 2 in *commelina communis* L. in China［J］. Bangladesh Journal of Botany. 52（20）：569–574.

HaeRyun K，HeeSeong B，HyunSun K，et al.，2023. First report of beet western yellows virus in radish in Korea［J］. Plant Disease，107（10）：3324.

Huang J F，Zhou X P，2006. Molecular characterization of two distinct Begomoviruses from *Ageratum conyzoides* and *Malvastrum coromandelianum* in China［J］. 154（11–12）：648–653.

Inoue-Nagata A K，Oliveira P A，Dutra L S，et al.，2006. Bidens mosaic virus is a member of the Potato virus Y species.［J］. Virus Genes，33（1）：45.

Jiao X，Gong H，Liu X，et al.，2013. Etiology of Ageratum yellow vein diseases in South China［J］. Plant Disease，97（11）：1497–1503.

Kaliciak A，Syller J，2009. New hosts of Potato virus Y（PVY）among common wild plants in Europe［J］. European Journal of Plant Pathology，124（4）：707–713.

Kalinowska E，Paduch-Cichal E，Chodorska M，2013. First report of Blueberry scorch virus in Elderberry in Poland［J］. Plant Disease，97（11）：1515.

Kucharek T A，Purcifull D E，Christie R G，et al.，1998. The association of severe epidemics of cucumber mosaic in commercial fields of pepper and tobacco in north Florida with inoculum in *Commelina benghalensis* and *C. communis*［J］. Plant Disease，82（10）：1172.

Laney A G，Avanzato M V，Tzanetakis I E，2012. High incidence of seed transmission of Papaya ringspot virus and Watermelon mosaic virus，two viruses newly identified in *Robinia pseudoacacia*［J］. European Journal of Plant Pathology，134（2）：227–230.

Li G F，Wei M S，Ma J，et al.，2012. First Report of Broad bean wilt virus 2 in *Echinacea purpurea* in China［J］. Plant Disease，96（8）：1232.

Li J，Zhou X P，2010. Molecular characterization and experimental host-range of two begomoviruses infecting *Clerodendrum cyrtophyllum* in China［J］. Virus Genes，41（2）：250–259.

Li P，Jing C，Ren H，et al.，2020. Analysis of pathogenicity and virulence factors of Ageratum leaf curl Sichuan virus［J］. Frontiers in plant science，11：527787.

Li Y，Cui X，An W，et al.，2024. The complete genome sequence of a putative novel cytorhabdovirus identified in *Chelidonium majus* in China［J］. Arch Virol，169（3）：56.

Liu Q，Li M，Zhang Z，et al.，2022. First report of tobacco streak virus on *Echinacea purpurea* in China［J］. Plant Dis，106（11）：3005.

Maachi A，Hernando Y，Aranda M A，et al.，2022. Complete genome sequence of malva-associated soymovirus 1：a novel virus infecting common mallow［J］. Virus Genes，58（4）：372–375.

Procter C，2012. Studies on tomato aspermy virus from *Chrysanthemum indicum* L. in New Zealand［J］. New Zealand Journal of Agricultural Research，18（4）：387–390.

Šafářová D, Candresse T, Navrátil M, 2022. Complete genome sequence of a novel cytorhabdovirus infecting elderberry (*Sambucus nigra* L.) in the Czech Republic [J]. Archives of virology, 167 (7): 1589–1592.

Sastry K S, Mandal B, Hammond J, et al., 2019. Weigela florida (Old-fashioned weigela). In: Encyclopedia of Plant Viruses and Viroids [M]. New Delhi: Springer.

Saunders K, Bedford I D, Briddon R W, et al., 2000. A unique virus complex causes Ageratum yellow vein disease[J]. Proceedings of the National Academy of Sciences of the United States of America, 97(12): 6890–6895.

Serrano Salgado J, Alvarez-Quinto R A, Bauman M, et al., 2023. First report of tobacco rattle virus infecting *Weigela florida* in the United States [J]. Plant Dis, 107 (9): 2894.

Shahid M S, Ikegami M, Waheed A, et al., 2014. Association of an alphasatellite with tomato yellow leaf curl virus and ageratum yellow vein virus in Japan is suggestive of a recent introduction[J]. Viruses, 6(1): 189–200.

Swapna Geetanjali A, Shilpi S, Mandal B, 2013. Natural association of two different betasatellites with Sweet potato leaf curl virus in wild morning glory (*Ipomoea purpurea*) in India [J]. Virus Genes, 47 (1): 184–188.

Tahir M, Amin I, Haider M S, et al., 2015. Ageratum enation virus-a begomovirus of weeds with the potential to infect crops [J]. Viruses, 7 (2): 647–665.

Tang Y F, Du Z G, He Z F, et al., 2014. Identification and molecular characterization of two begomoviruses from *Pouzolzia zeylanica* (L.) Benn. exhibiting yellow mosaic symptoms in adjacent regions of China and Vietnam [J]. Arch Virol, 159 (10): 2799–2803.

Tang Y F, Du Z G, He Z F, et al., 2013. Molecular characterization of a novel monopartite begomovirus isolated from Pouzolzia zeylanica in China [J]. Arch Virol, 158 (7): 1617–1620.

Tokuda R, Watanabe K, Koinuma H, et al., 2023. Complete genome sequence of a novel polerovirus infecting *Cynanchum rostellatum* [J]. Arch Virol, 168 (2): 57.

Valverde R A, 1983. Brome mosaic virus isolates naturally infecting *Commelina diffusa* and *C. communis* [J]. Plant Dis, 67 (11): 1194–1196.

Wan Q, Zheng K, Wu J, et al., 2023. The additional 15 nt of 5' UTR in a novel recombinant isolate of Chilli veinal mottle virus in *Solanum nigrum* L. is crucial for infection [J]. Viruses, 15 (7): 1428.

Wei M S and Li G F, 2017. First report of Broad bean wilt virus 2 and Turnip mosaic virus in *Tropaeolum majus* in China [J]. Plant Disease, 101: 7, 1332.

Wu J B, Zhou X P, 2007. A new begomovirus associated with yellow vein disease of *Siegesbeckia glabrescens* [J]. J Plant Pathol, 56 (2): 343.

Wu J B, Zhou X P, 2007. Siegesbeckia yellow vein virus is a distinct begomovirus associated with a satellite DNA molecule [J]. Archives of Virology, 152 (4): 791–796.

Xia Z, Gao X, Li R, et al., 2020. First report of broad bean wilt virus 2 infecting *Perilla frutescens* in China [J]. Plant Disease, 104 (11): 3085.

Xiong Q, Fan S, Wu J, et al., 2007. Ageratum yellow vein China virus is a distinct *Begomovirus* species associated with a DNA beta molecule [J]. Phytopathology, 97 (4): 405–411.

Xu D, Liu H, Koike T S, et al. , 2010. Biological characterization and complete genomic sequence of Apium virus Y infecting celery [J]. Virus Research, 155 (1): 76–82.

Xu T, Lei L, Chen X, et al. , 2022. Identification and genome analysis of a tomato zonate spot virus isolate from *Bidens pilosa* [J]. Arch Virol, 67 (2): 625–630.

Yang C, An W, Li C, et al. , 2024. Detection and characterization of a putative emaravirus infecting *Clematis brevicaudata* DC. in China [J]. Arch Virol, 169 (1): 10.

Yang C, Sun J, Zhang S, et al. , 2021. Complete genome sequence of a putative new and distinct caulimovirus from *Metaplexis japonica* (Thunb.) Makino in China [J]. Arch Virol. 166 (12): 3433–3436.

Yang C, Zhang S, Sun J, et al. , 2022. Complete genome sequence of a distinct rosadnavirus isolated from Viola plants in China [J]. Arch Virol, 67 (2): 607–609.

Yang C, Zhang S, Han T, et al. , 2019. Identification and characterization of a novel emaravirus associated with Jujube(*Ziziphus jujuba* Mill.) yellow mottle disease [J]. Front Microbiol. 10: 1417.

Yang C X, Cui G J, Zhang J, et al. , 2008. Molecular characterization of a distinct *Begemovirus* species isolated from *Emilia Sonchifolia* [J]. Journal of Plant Pathology, 90 (3): 475–478.

Yu M C, Yang C X, Wang J Z, et al. , 2021. First report of tomato spotted wilt virus isolated from Nasturtium (*Tropaeolum majus*) with a serious leaf mosaic disease in China [J]. Plant Disease (3): 105.

Zhang S B, Du Z G, Wang Z, et al. , 2014. First report of sweet potato leaf curl Georgia virus infecting tall morning glory(*Ipomoea purpurea*) in China [J]. Plant Dis, 98 (11): 1588.

Zhang X, Liang C J, Li C L, et al. , 2018. Simultaneous qualitative and quantitative study of main compounds in *Commelina communis* Linn. by UHPLC–Q–TOF–MS–MS and HPLC–ESI–MS–MS [J]. Chromato Sci, 56 (7): 582–594.

Zhao F, Liu H, Qiao Q, et al. , 2021. Complete genome sequence of a novel varicosavirus infecting tall morning glory(*Ipomoea purpurea*)[J]. Arch Virol, 166 (11): 3225–3228.

Zhao F, Yoo R H, Lim S, et al. , 2015. Nucleotide sequence and genome organization of a new proposed crinivirus, tetterwort vein chlorosis virus [J]. Archives of Virology, 160 (11): 2899–2902.

Zhao L, Zhong J, Zhang X, et al. , 2018. Two distinct begomoviruses associated with an alphasatellite coinfecting *Emilia sonchifolia* in Thailand [J]. Arch Virol, 163 (6): 1695–1699.

Zhou Y, Luo C, Zhao J, et al. , 2016. First report of tomato yellow leaf curl virus in *Viola prionantha* in China [J]. Plant Disease, 100 (1): 231.